城市公共环境设计

葛　莉◎著

吉林出版集团股份有限公司
全国百佳图书出版单位

图书在版编目（CIP）数据

城市公共环境设计 / 葛莉著 . -- 长春 : 吉林出版集团股份有限公司 , 2024. 12. -- ISBN 978-7-5731-6109-3

Ⅰ . TU-856

中国国家版本馆 CIP 数据核字第 2024MF4515 号

城市公共环境设计

CHENGSHI GONGGONG HUANJING SHEJI

著　　者　葛　莉
责任编辑　李婷婷
责任校对　蔡大东
封面设计　张秋艳
开　　本　710mm × 1000mm　1/16
字　　数　200 千
印　　张　11.25
版　　次　2025 年 6 月第 1 版
印　　次　2025 年 6 月第 1 次印刷
印　　刷　天津和萱印刷有限公司

出　　版　吉林出版集团股份有限公司
发　　行　吉林出版集团股份有限公司
地　　址　吉林省长春市福祉大路 5788 号
邮　　编　130000
电　　话　0431-81629968
邮　　箱　11915286@qq.com
书　　号　ISBN 978-7-5731-6109-3
定　　价　68.00 元

前　言

在当今快速发展的城市化进程中，城市公共环境设计尤为重要。城市公共环境不仅关系城市的整体形象和居民的生活质量，还直接影响城市的可持续发展和社会的和谐稳定。因此，深入研究和探讨城市公共环境设计的理论和实践，具有重要的现实意义和深远的历史意义。

城市公共环境设计涉及多个方面，包括城市规划、建筑设计、景观设计、市政设施设计等。这些方面相互关联、相互影响，共同构成了城市公共环境的整体框架。一个优秀的城市公共环境设计不仅要满足功能需求，还要注重美观、舒适和人性化，以提升城市的整体形象和居民的生活品质。

在城市公共环境设计中，功能性和美观性是两个重要的设计原则。功能性要求设计必须满足城市居民的实际需求，如交通、休闲、娱乐等，确保城市公共环境的适用性和便捷性。美观性则要求设计在视觉上给人以美的享受，通过色彩、形态、材质等元素的合理运用，营造出和谐、宜人的城市空间。

此外，城市公共环境设计应注重可持续性和生态性。随着全球环境问题的日益严重，可持续发展已成为城市发展的重要方向。城市公共环境设计应充分考虑资源的合理利用和环境保护，采用绿色建筑材料和技术，减少对环境的负面影响，实现城市的可持续发展。

总之，城市公共环境设计是一项复杂的系统工程，需要多学科、多领域的合作和协调。通过对城市公共环境设计的深入研究和实践，我们可以更好地提升城市的整体形象，提高居民的生活质量，推动城市的可持续发展，为建设和谐、美丽、宜居的城市环境作出贡献。本书旨在探讨和分析城市公共环境设计的各个方面，以期为城市规划者、设计师及相关从业者提供有价值的参考和指导。

本书共分为六章。第一章为城市公共环境设计的概述，分别阐述了城市公共环境设计的概念、城市公共环境设计的原则和城市公共环境设计的发展趋势。第二章为城市公共环境的设计方法，具体包括城市公共环境的场地设计、城市公共环境的空间构成方式和城市公共环境的物质要素设计。第三章为城市公共建筑环境设计，主要包括城市公共建筑环境设计的目标与要求、城市公共建筑内部环境设计和城市公共建筑外部环境设计。第四章为城市道路环境设计，分别阐述了城市道路路面设计、城市道路节点设计、城市道路植物景观设计和城市道路附属设施设计。第五章为城市广场环境设计，详细介绍了城市广场环境设计的基本要求、城市广场与周边建筑和道路的组合、城市广场的绿化和色彩设计、城市广场的水体设计，以及城市广场的地面铺装和小品设计。第六章为城市公园环境设计，包括城市公园环境设计的原则和要素、城市公园的植物设计、城市公园的水景设计，以及城市公园的环境设施设计。

在撰写本书的过程中，作者参考了大量的学术文献，得到许多专家学者的帮助，在此表示真诚感谢。由于作者水平有限，书中难免有疏漏之处，希望广大同行与读者指正。

葛莉
2024 年 8 月

目 录

第一章　城市公共环境设计的概述

城市公共环境设计是指在城市规划和建设过程中，对城市公共空间进行科学、合理和美观的设计。本章为城市公共环境设计的概述，分别阐述了城市公共环境设计的概念、城市公共环境设计的原则和城市公共环境设计的发展趋势。

第一节　城市公共环境设计的概念

一、环境的基本概念

要想了解城市公共环境设计的概念，需要首先对“环境”的概念进行明晰。按照《不列颠简明百科全书》的解释：“环境是指由各种作用于有机体或社会群体，并最终确定其形态和生存的物理、化学以及生物因素构成的综合体。”[①] 这表明环境对人类活动的制约效应。依据此定义，环境这一概念涉及极为宽泛的范畴，几乎囊括了所有人类已经知道的对人类生存和发展有直接或间接影响的物理世界的所有事物。这些事物不仅包含自然要素，如阳光、空气、陆地、自然水体和原始森林等，还涵盖人工要素，如村落、城市和建筑物等，以及由这些组成部分所形成的系统、呈现的状态和相互间的关联。因此，从广义上理解，“环境”指的是围绕主体（尤其是人类或生物）的周边事物，涵盖具有相互影响作用的外部世界。环境可分为以自然风景为主的自然型环境和以人为建筑为主的城市型环境。

---

① 不列颠百科全书公司 . 不列颠简明百科全书：修订版 [M]. 北京：首都师范大学出版社，2016.

二、城市公共环境的概念

（一）城市公共环境相关概念

1. 城市空间（Urban Space）

城市内部及城市其他场所中建筑物之间的所有空间形态，即城市空间。几何特征和美学价值是城市空间的显著特征，城市空间分为公共空间、半公共空间和内部使用空间等。

2. 外部空间（Out Space）

芦原义信认为:“外部空间是由人创造的有目的的外部环境，是比自然有意义的空间。”① 芦原义信认为，通过设计外部空间，可以将其内部的消极部分转化为积极部分，从而营造出能够满足人们需求的积极空间。

3. 城市公共空间（Urban Public Space）

城市公共空间特指供城市居民日常生活和社会活动共同使用的室外区域，如广场、街道、居住区户外场地、公园和体育场馆等。公共空间可进一步细分为开放空间和专用空间两大类。

（二）城市公共环境的含义

城市公共环境，在狭义范畴内，主要指的是城市中的户外空间和场所，与建筑室内环境形成对比。这一环境涵盖了自然景观，如天空、地形、山脉、植被和水体等，也包括人造景观，如公共设施（座椅、花坛等）、城市道路、桥梁、广场、建筑物、雕塑和广告标识等。此定义基于建筑学和景观学的视角，揭示了城市公共环境与城市整体、建筑实体及自然环境之间相辅相成的动态关系。然而，城市公共环境不仅是物质空间的堆砌，刘易斯·芒福德还将其喻为“生活的容器”，强调了其作为人类活动舞台的重要角色。因此，在广义层面，城市公共环境设计不仅涉及物质空间（硬环境）的规划和组织，还涵盖了非物质空间（软环境）的营造，后者虽非具象形态，却对公共环境产生着深远影响，如居民的行为模式、人口特征、心理需求、社会结构、生产生活方式和文化价值观等。

综上所述，城市公共环境的内涵深刻体现了城市、建筑、空间形态与社会使

① 芦原义信. 外部空间设计 [M]. 尹培桐，译. 北京：中国建筑工业出版社，1985.

用之间的紧密联系。一方面，它不仅是城市建筑及其室内空间的自然延伸，也是城市环境系统不可或缺的一环；另一方面，它通过空间与形态要素的设计创造，成为反映政治制度、社会经济状况和社会文化特征的生动载体，展现了环境与社会发展的同步性和互动性。

（三）城市公共环境的分类

1. 按营造方式分类

根据营造方式可以将城市公共环境分为自然环境和人工环境。

（1）自然环境

自然环境是指没有受到过多人工干预的自然景观，具体可分为风景区、保护区和保留区等。

（2）人工环境

人工环境是由人类设计和建造的，具体包括：

①广场空间环境：宗教、商业、市政、纪念、交通、休闲娱乐广场等。

②街道环境：各种道路、步行街等。

③公园环境：城市公园、动植物园、花卉公园、海洋公园、儿童公园、街头绿地、游乐公园等。

④居住小区环境：街坊庭院绿地、居住区公共绿地、住区庭园、宅边绿地等。

广场、街道、公园、居住小区环境设计特征比较，如表 1-1-1 所示：

表 1-1-1　广场、街道、公园、居住小区环境设计特征比较

人工环境类型	空间特征	服务对象与开放度	内容设施	社会职能
广场	较强的空间围合感，与街道相比具有“静”和“终”的“点状”特征	市民，公共性	社会交往、娱乐服务设施、绿化、艺术雕塑、小品等	文化社交、交通、购物休息、娱乐等城市开放性公共生活
街道	狭长的“线形”空间，呈现强烈的动感、延续性	市民，公共性	店铺、商场、街头服务性、非服务性小品设施等	交通、商贸、社交
公园	空间开阔，周围界面的限定性较弱，通常具有“面”的特征	游人，半公共性或公共性	观赏、游乐设施、绿化、山水等	游览、观赏

续表

人工环境类型	空间特征	服务对象与开放度	内容设施	社会职能
居住小区	一定的围合感、较明确的观赏路径，具有空间大小、明暗等变化	小区居民或游客，私密性或半公共性	模仿自然的假山水、绿化、园林建筑小品	日常居住生活或游人观赏

2. 按功能类型分类

城市公共环境按功能类型可分为：

集散型城市公共环境：留影、集会、休息、观光等功能。

商业型城市公共环境：休憩、商业等功能。

交通型城市公共环境：步行、货运、车行、停车等功能。

休憩型城市公共环境：观景、休息、散步等功能。

一般情况下，每一个城市的公共环境以一种使用功能为主，有时候也会具备多种功能。为了保证人们能够更安全、舒适地在城市公共环境中休闲和娱乐，公共环境在设计时需要尽力满足各种不同性质的活动要求。

三、城市公共环境设计的内涵

城市公共环境设计，即对“城市公共环境”的设计，通过对“环境”和“城市公共环境”两个概念的深入了解，我们可以得出：城市公共环境设计是指在城市规划和建设过程中，对城市公共空间进行科学、合理和美观的设计，以提升城市整体形象和居民生活质量的一种综合性设计活动。它不仅包括对城市街道、广场、公园和绿地等公共空间的布局和美化，还涉及城市基础设施、交通系统、照明系统和标识系统等多方面的设计和优化。

城市作为人类文明进步的标志性产物，承载着满足人们居住和工作需求重要使命。城市环境质量直接关联着居民的生活品质。然而，随着经济的快速发展，环境问题日益严峻，同时，人口的大量增长导致了城市公共空间短缺等问题，使设计者不得不从更深层次、更广泛的维度去理解城市公共环境设计的内涵。这一设计的核心目标在于构建出更具意义的人造环境和自然环境，从而提升城市的空间质量，进而提高居民整体的生活质量。

城市公共环境不仅是人们享受自然的场所，也是社会活动的集结地，更是展示城市风貌和文化生活的舞台。它对改善城市环境、促进人际交流、传递城市历史文化，以及激发市民的归属感和认同感具有不可替代的作用。进入 21 世纪，在政治、经济、科技、社会、文化和教育等多重因素的影响下，城市公共空间和环境发生了巨大的转变。提升城市整体环境品质已经成为城市公共空间新的设计理念和目标。这种转变要求设计者不仅要有高度的专业性，还要具备前瞻性视野，将人的需求与城市的未来发展紧密结合，从而创造出更加宜居、富有活力的城市公共环境。对城市公共空间进行精心设计，可以有效提升城市的整体美感，增强城市的吸引力和竞争力。同时，良好的公共环境设计还能促进城市居民的身心健康，提高他们的生活质量。

因此，在进行城市公共环境设计时，设计者需要综合考虑城市的地理特征、历史文化、社会需求和生态环境等因素，力求在满足功能需求的同时，创造出具有地方特色和文化内涵的城市空间。此外，设计者需要关注城市公共环境的可持续发展，采用环保材料和技术，减少对环境的负面影响，实现人与自然和谐共生。

第二节　城市公共环境设计的原则

一、整体性原则

在现代城市发展中，城市公共环境是一个多维度的综合设计整体，蕴含着复杂的功能性、象征性、行为性和心理性因素。就整体而言，城市公共环境的每个子项都蕴含着造型、色彩和材质等属性，它们共同构成了城市的整体形象。城市公共环境不仅是一个物质环境的存在，更是一个承载着特定文化、社会和经济背景的实体。它不仅满足了人们多样化的生活需求和全面发展的渴望，也为各种社会活动提供必要的物质基础和便利条件。城市公共环境不仅提高了城市的工作效率，增强了城市的信息承载力，还在无形中推动了技术和城市的进步。作为城市发展变化的见证者和连接点，公共环境的规划和设计必须遵循整体性设计的原则。

这一原则强调，每一个设计决策都应与城市的整体发展相协调，同时应充分考虑人力、财力和物力，以及环境和景观资源的有效利用。对城市公共环境的整体研究已成为推动现代城市发展的关键步骤，它对于解决城市建设问题、提高城市生活的质量具有至关重要的作用。

（一）与城市的整合

设计者应该基于城市总体空间环境进行城市公共环境的设计。在设计过程中，设计者应站在城市或区域的角度，对公共环境进行全面考量。这包括对城市整体环境架构的梳理和整合、对时空过渡和衔接的细致考察，以确保城市、建筑、景观环境和环境设施之间的和谐统一。这样的设计思想不仅体现了对城市发展的深思熟虑，也反映了对更高品质的人类居住环境的追求。新加坡大华银行底层环境设计就有效地组织与连接了建筑与城市间的交通，同时创造出品质优良的城市开放景观环境。

（二）系统结构的整体性

城市公共环境的内部构造体系呈现出一种动态平衡，这体现在城市公共环境的功能布局、空间规划和实体构成，以及日常活动和生态环境的相互协调中。城市公共环境各元素之间通过不同的组织方式，构建出了多样化的结构秩序，从而展现出不同特性的环境风貌。城市公共环境各方面因素能够和谐运作于一个整体环境之中，才是优秀的城市公共环境设计。这种整体的和谐不仅是视觉上的统一，更是功能性和生态性的统一。

（三）整体性设计与决策

作为研究对象，城市公共环境是一个复杂的综合体，决定了在对其进行综合性研究和设计时需要进行多学科的交融与整合，来把握系统的多元化和综合性，以及系统与社会市场关系的复杂性。这种多学科、深层次团结协作的整体观念不仅反映在设计者之间，也是所有参与城市建设的人们的思想层面的创新，是推动城市优化和创造优良环境的重要视角。在这样的大背景下，决策者的整体环境意识至关重要，他们不仅需要具备前瞻性的视野，还需要在实际操作中确保每一项决策都能为优化城市公共环境贡献力量。这种意识是确保城市公共环境持续改善的重要保障。因此，从多维度、多层次的角度进行综合考量和规划设计，是未来城市公共环境建设不可或缺的一环。

二、人性化原则

作为向公众开放的空间，城市公共环境承载着人们日常生活和交往的重要功能。人作为直接接触和使用这一环境的主体，人的需求和体验是城市公共环境设计的核心出发点。设计者通过综合运用经济、社会、科技、艺术、政治等多种手段进行城市公共环境设计，旨在使城市居民能够在安全、舒适且优美的生活环境中更好地生存和发展。城市公共环境与建筑、城市之间存在着紧密的联系，同时，它是连接人与城市的桥梁。人性化应该是设计城市公共环境时所应遵循的设计原则。这一原则体现在多个层面：

（一）生理层面

生理层面包括自然气候因素，如通风、日照和遮阴等，以及引起人的感官反应的知觉因素，如质地、光亮、气味和声响等。在气候因素方面，不同个体的需求相对稳定，但在感知因素方面，不同个体有着不同的需求。因此，在设计时，设计者首先要满足人们对气候的基本需求，其次根据不同用户群体的不同需求进行个性化设计。

（二）心理层面

心理层面主要指的是人们对城市公共环境品质的满意度。人们对于城市日常生活的环境有着基本的心理要求，主要涉及便利性、安全感和舒适度。这些要求往往超越了人们对形式美的需求。例如，人们在决定停留或者活动时，首先考虑的是公共环境的便利性，它主要受地理位置、配套设施和交通便捷度等因素的影响。在安全性方面，设计者要对公共环境的容量、设施完善度和照明等因素进行充分考虑。自然环境的物理条件和人工环境的适用性，决定了城市公共环境的舒适性。

环境的功能性和设置方式决定了人工环境使用的舒适性。例如，在心理层面上，人们认为“线”形空间更适合流动；而在想要停留时，人们会选择“点”状空间。

（三）行为层面

基于城市环境与建筑功能的要求，城市公共环境具有显著的开放特性。为了更好地满足人们的需求，城市需要打造满足公众活动需求的开放空间，以促进人们更好地进行各种社交和休闲活动。城市公共环境设计不仅要满足人们的行为需求，还要通过其开放性特质，构建社会性领域，强化城市环境的整体印象。例如，经过多年的再生计划，新加坡河畔地区已演变为集商业、旅游、休闲于一体的开放性旅游景点。在改造克拉克码头和驳船码头时，设计者创造性地将旧有的建筑更新为现代娱乐场所，同时增设了便捷的步行交通系统和河滨公园等休闲设施。这些举措不仅为市民和游客提供了多元化的活动空间，还显著增强了城市的活力。

三、多样化原则

随着全球化的深入发展和信息流动性的增强，城市的多元化共存和交融趋势愈加明显。作为城市最具活力和生命力的有机组成部分，城市公共环境的营造应充分体现功能、历史、社会文化的多元性特征。

（一）功能多样化

迄今为止规划最主要的问题，是如何使城市功能足够的多样化。简·雅各布认为，城市设计的含义就是多种功能。城市空间会因多样化活动的举行变得更有活力，同时，这使得人与公共环境之间的关系更加复杂。城市公共环境作为一个复杂多变的弹性系统，具有包容多种活动的潜力，每一个人的需求都能在其中得到满足，人们也更愿意聚集在兼具多功能用途的城市公共环境中。而且，城市公共环境多种功能的混合可以创造出更为丰富、多样化的社会生活，有利于每一个个体更加自由地选择自己的生存空间。

（二）历史多样化

城市公共环境的多样性不仅体现在空间功能层面上，更在历史的流转中呈现出多样化的特征。城市的环境与建筑，是过去、现在与未来的交汇点，是“历时性”与“共时性”的和谐统一。城市公共环境不仅是历史的见证者，更是历史的叙述者。它承载过去城市的辉煌，也展示现代城市的进步，更为未来城市的无限可能提供舞台。城市公共环境中的多元文化建筑、历史遗迹，作为城市的空间载体，刻画了城市发展的轨迹，也展现出城市历史的不同层次。因此，城市公共环境的设计必须建立在对城市历史和地域文化深刻理解的基础上，同时需要尽力延续城市的文化精神。为了保存一座城市的历史和社会延续性，设计者需细心保存承载着城市记忆的历史建筑和场所，甚至是界面的材质、雕像和线条等元素，或者将其与新结构融为一体，在空间中重新肯定其价值或赋予其新意义。当然，“时间”的概念并非静态的，而是反映了城市的变迁和发展。设计者需巧妙地结合新旧元素以展示时代的变迁。这样才能充分反映社会中人们的使用行为，从而创造出具有多样化历史意义的城市公共环境。

（三）社群多样化

城市社群复杂多元的构成和本质，在城市公共环境中也得到了鲜明的展现。不同的社会群体可能具有不同的教育程度、职业、年龄、性别和民族文化等背景情况，同时必然具有不同的习惯和行为活动方式。例如，青年人对娱乐交往活动感兴趣，而老年人则爱好三三两两地弈棋玩牌、交谈回忆。城市公共环境应该是城市所有社群共享交流的场所，因此，不仅要以开放性承认和尊重多元社群文化并存的价值体系，还要以开放的心态去接纳和尊重多元社群文化的并存，以包容的态度去处理和应对多元文化的和谐共生。在设计中，设计者尤其需要对城市中的弱势群体，如老人、残疾人、儿童和孕妇等，以及边缘群体，如外来务工人员和下岗人员等进行重点关注。他们的需求应成为设计的重要考量因素。

四、生态性原则

所谓生态性原则，就是把握城市生态系统的基本规律，使城市公共环境能形成良性的生态循环，从而形成持续、稳定发展的态势，具有可持续发展性。针对现代城市所面临的诸多问题，如生态环境遭受破坏以及人与自然关系的严重失衡等，越来越多的社会人士开始对此深刻反思。在这种背景下，生态保护理念及人与自然和谐共生理念开始被广泛地接纳和实践。作为人类在历史进程中创造出的一种聚居方式，城市与人类和自然环境之间一直存在着错综复杂的互动关系。这种关系动态地构建了城市人工生态系统。其中，自然生态系统和文化生态系统是与城市公共环境设计关系最为密切的两个子系统。

自然生态系统指的是城市、人类与自然之间通过互动形成的综合生态系统。人类通过创造城市公共环境以保证城市人群的生存和发展，城市公共环境的建设过程是建立在对自然条件、自然资源开发利用的基础之上的。因此，城市公共环境的设计需要尊重自然，合理开发利用自然资源，最大限度地保护原有的自然生态环境，主要包括以下几个方面：

第一，在设计前，对基地的地貌地形、植被等状况进行充分的自然生态资源调查，力求因地制宜，根据自然地形地貌进行设计活动。

第二，在设计中，充分利用可以借用的自然景观资源和环境要素，包括与公共环境有视线联系的山体、水体等自然景观。设计者可以采用借景手法，将这些自然景观纳入城市公共环境的氛围营造中。

第三，城市公共环境作为开放空间，可以适当缓解城市环境中因人口密集、工厂、汽车废气污染等影响因素而导致空气质量较差的状况。提供绿色交往空间和富有情调的亲水开放空间等都可以作为调节大气循环、净化空气的重要手段。

文化生态系统是指由城市、人和文化三者之间的动态相互作用所构成的一种有机结构。在这个结构中，人们在城市中进行各种文化活动，共同创造并传承着城市文化；城市文化也对社会和个人进行制约和规范。城市公共环境作为城市的主要组成部分，不仅是人际交往的空间载体，更承载了丰富的社会信息，而且，这些信息直接影响了人们的日常生活经验和文化观念。通过长时间的社会实践活动，城市公共环境逐渐获得了居民的普遍认同，在强化地方特色、塑造城市精神和文化特征方面发挥着不可替代的作用。由于地域文化的差异和观念的不同，不同城市的公共环境呈现出各自的特色。在城市公共环境的设计中，对空间场所的“文化性”进行深入理解和有效把握显得尤为重要。设计者应该基于此，增强城市居民生活环境的文化内涵和地域特色，来满足社会和个人物质及精神的需求，从而通过城市品质和人们生活质量的提高，形成良性的城市文化生态循环系统。江阴中山公园是在原江苏学政衙署后花园基础上改建而成的，共分为学政历史文化区、生态休憩区、游乐活动区三部分。整个公园的环境设计采用现代材料技术，重现了学政衙署后花园的传统格局，并通过恢复、重建、移建一系列纪念建筑、遗址，充分体现出场所的历史文脉。

城市公共环境设计不是一个封闭的单元，而是需要综合考虑自然、个体、社会发展和相互关系的开放系统，这种开放性也是当代城市优化发展的必然要求。

第三节　城市公共环境设计的发展趋势

人既是环境的产物，也是社会环境的主角。城市公共环境设计既是现代城市建设的重要手段，也是人类改造生存环境系统的重要方法。城市公共环境设计必然要贯彻以人为本的指导思想，通过技术和艺术的完美融合，促进人与环境、人与自然的和谐共存。

现代城市公共环境设计是艺术、生活和科学的系统性融合，也是技术、功能和形式的整体协调，通过对物质条件的塑造实现精神文明的追求，其最高理想和最终目标就是创造人性化的生活环境。城市公共环境设计的根本目标不是服务个别对象或实现设计的基本功能，而是更好地把握时代特征、融合地域特色和新技术理念，基于历史人文、环境特色和地方资源，创造出合乎时代特征又兼具高品质生活形态的环境产品。

当下，人们把更多的目光投放在对环境品质的追求上，城市环境艺术产业的发展空前活跃。为顺应社会和时代的新诉求，解决发展和环境的新矛盾，城市公共环境设计需要深刻领会新时代的哲学思想，深入把握主流设计规律，融会贯通东西方先进的设计理念，灵活解决时代设计命题。综合来看，未来几年的城市公共环境设计有以下几种发展趋势：

一、绿色和谐成为发展共识

马斯洛认为，人的需求分为从低到高的 5 个层次，随着生理、安全等较低层次需求的满足，人们转而追求情感、尊重、价值等更高层次的需求。进入 21 世纪，人们在全球城市化进程中更加关注社会环境发展，对自身发展的理解也更加多元，开始重视社会生活方式、价值观和文化理念等更高层次的需求要素。多种观念相互碰撞、相互融合，形成了新的环境艺术设计理念。人们对环境的需求朴素而不简单，包括呼吸到新鲜空气、喝到干净的水、一片可供休憩的绿荫、一片具有安全感的场所和与他人畅快聊天的环境，人们总是希望能拥有一个能升华精神的场所。因此，城市公共环境设计的正确方向就是提升人的精神品质，创造一个具有艺术性的、具有人文品质和精神追求的空间环境。

社会环境从整体上看是一个动态平衡相对稳定的生态系统。城市的诞生始于社会的发展，城市的演化也承载着历史的更迭。伴随着人类社会活动和交流的发展，发生在城市身上的沧海桑田和日新月异一刻也未曾停止。城市的革新是社会变迁的外在表现形式，也是社会变迁的重要组成部分。当今的信息化社会将人类的生活方式和生活节奏带入一个全新的高度，消费与消耗比肩增长。曾指引我们到达今天的道路，并不一定能指引我们到达未来。可持续发展的理念被提出并深入人心，需要人们重新审视既有的发展方式，倡导城市与环境的平衡、和谐，关注人类真实的需求，合理利用自然资源。人们在当下和未来所创造的生存环境应该成为促进社会和谐、可持续发展的载体。

可持续发展理念强调城市建设不应仅着眼于当下的社会环境条件，而应该具有大局观、生态观、动态观。要着眼于地区环境生态系统的整体发展，一个城市的小社会环境和微社会环境的建设发展必须基于其所在的大区域环境的可持续发展，并且符合生态发展要求和历史发展需求。对城市、乡镇、农村的发展诊断和规划，都不能头痛医头、脚痛医脚，既不能在研究城市问题时单纯考虑城市问题，也不能在研究乡村问题时只看到农村。城市发展的时空极限和发展潜力只有在更大的结构和组织优化的基础上才能实现突破和创新。因此，未来的城市公共环境设计需要在更大的结构和组织上实现社会环境平衡，需要站在整体的角度，对各方面的因素进行综合协调处理，以实现社会整体绿色、协调、科学发展。

二、资源使用更经济、更优化

城市公共环境设计要考量经济因素，使设计活动与经济因素相协调、相适应。这里的经济因素并不是简单地指成本问题，更强调的是一种经济意识，即通过更合理地使用社会的综合资源，从而带来持续稳定的经济增长，以及持续可观的正外部效应。成功的环境艺术设计案例一定是依托前期的设计愿景和定位，充分考虑投入成本，可以为经济社会发展带来持续收益的项目。

经济基础决定上层建筑，社会生产方式和经济水平的发展必然带来人们思想意识的变化，人们的思想意识和受教育程度的增长也会反过来影响社会生产生活方式。在当前的信息化时代，文化的传播更加迅捷，多元的生活态度和设计理念不断刷新着人们的生产生活甚至生命的形态。城市公共环境设计也在这种碰撞和挑战中获得沉浮和新生。当前，单纯依靠成本投入来衡量环境艺术设计的经济性已经不再可取，取而代之的是将人性化、科技感、生态性和兼容性等要素纳入衡量环境艺术设计的评价指标体系。特别对于强调空间功能分布和结构调配的建筑领域，设计者要依据高效率的要求，对各功能空间进行合理安排，在进行环境艺术设计时必须充分考虑区域空间未来的使用和拓展前景。

美国著名设计师富勒毕生追求人与自然和谐相处，提出“以更少而获取更多”，即少费而多用（more with less）的设计思想，这一思想为优化资源配置，实现经济环境高效益、高回报，可持续发展的环境设计提供了理论依据。富勒设计的加拿大蒙特利尔世界博览会的美术馆，由一个高为 60 米、直径为 76 米的多面体的张力杆件组成，其内部的自动扶梯长达 38 米，还有一条约 11 米高的贯穿大穹隆的火车道。它是典型的美国建筑，球形结构设计使建筑独树一帜，这种巨型穹隆的节点排列方式和科学家发现的第三种碳原子的排列方式惊人地吻合，可以根据设计需要在不用重新进行结构设计的同时无限增大建筑的尺寸。富勒“少费而多用”的设计理念在这里得以完整体现。

提到资源的有效使用就不得不提到环境保护。环境保护已经成为现代城市建设的首要考虑因素，“绿水青山就是金山银山”，只有正确理解和处理区域经济效益和环境效益两者之间的关系，才能实现环境保护和经济发展协调统一。在未来的城市公共环境设计中要增强环境保护的意识，不断协调城市经济发展和环境保护投入两者间的平衡，从多渠道防止环境污染和生态破坏。在经济高速发展的同时，城市要大力推进环境保护工作，避免出现经济发展和环境保护失衡，避免走一些发达国家曾经走过的以生态换发展的老路、弯路。

三、民族化与国际化深度融合

城市公共环境设计不仅体现着区域和自然特征，更氤氲着历史的气息和人文的精华。城市公共环境的形态特征集中凝结了城市独有的历史、文化、艺术、经济、社会、教育和科技等各种要素面貌，刻画和呈现着城市功能和时代价值观的发展变迁。未来的城市公共环境设计必然是既讲时代性，又讲民族性；既善于用国际化设计语言讲好民族文化故事，也要善于用民族化设计语言讲好时代故事。

城市环境艺术的设计语言不能脱离城市所在的地域文化特色和民族文化特征。在社会生活中，地域文化和民族文化具有重要的地位，能够对人们的价值观念和日常社交产生重要影响，同时是塑造城市文化和城市风貌的重要力量。地域文化和民族文化不仅丰富了人们的生活，也在意识形态上对人们的道德伦理和言行举止起到了约束作用。艺术设计来源于现实生活，从艺术本身的特性来看，艺术家应该基于时代的特性重新诠释地域文化和民族文化。同时，艺术家正是通过汲取民族文化和地域文化才得以创造出优秀的艺术作品。关注中国非物质文化遗产保护的著名作家冯骥才先生曾说："任何一个城市，它独有的历史都是它的性格史和精神史。文字的历史只能启动想象，建筑的历史才是摸得着的物证。它所有的空间都神奇地充满着历史遗留下来的精神。而它们本身又是各个城市独具的思维方式、生存方式、审美方式，以及创造力和想象力的最生动的体现。一个城市不能被替代的个性内容都在它的形态中了。"① 文化沉淀着国家、地域和民族的历史内涵，也延续和发展着城市的品格和足迹。城市文化深刻地反映着当地人们的日常生活和历史风貌，是人与自然和谐共生的统一体，反映着文明的发展逻辑。同样，一座城市的文化环境反映着社会的基本价值观念，是城市历史演进的见证资料，使城市文化得以源远流长。在历史长河里，建筑记载着城市的兴衰，浓缩着人文风貌。反观过往，一些地区盲目的城镇化建设对历史文脉的传承造成了毁灭性和致命性的破坏，缺少规划地对历史遗留建筑的大量拆迁和简单粗暴地推倒重建，已经不可逆转地抹杀了许多城市的古老印记。这种"建设性破坏"一度成为城市化的"副作用"，给城市的历史人文留下遗憾和创伤。

盲目追求高度现代化，虽然提高了人们的日常生活水平，但是让人感觉到遗失了传统。人们开始意识到历史文化遗产的珍贵价值，保护原始生态环境和历史文化遗产的思想逐渐成为时代主流。把社会发展问题纳入环境艺术设计的范畴进行思考，是现代社会进步、设计思想进化的表现。一项来自日本的研究显示，日本的环境设计十分注重将民族化与国际化相融合。例如，东京雅叙园饭店办公楼的室内设计，巧妙地融合了传统文化的精髓与现代创新元素，通过大量现代化的

① 冯骥才．思想者独行 [M]. 石家庄：花山文艺出版社，2005.

材料和工艺，以及精妙的空间布局和细节装饰，营造出既时尚又典雅的空间环境。在日本，无论是大型还是小型餐饮和零售空间，其室内设计均高度重视展现民族风格特色，即便临时性或小规模的餐馆，亦注重室内装饰和餐具设计，使顾客在用餐过程中可以充分领略设计的独特韵味。

改革开放以来，我国的城市公共环境设计从理论到实践都得到蓬勃发展。我国的城市公共环境设计经历过“西学东渐”“师夷以自强”的发展过程，现已展现出鲜明的国际风范，取得了广泛的认可和赞赏。中国传统文化底蕴深厚，其文化元素的深层认知深深植根于每个中华儿女的文化血脉之中。肩负中华民族伟大复兴历史责任的我们需要深度思考，如何将悠久的历史文化融入现代生活，实现历史传承与现代创新的和谐共生，以营造绿色和谐的社会人文环境。在城市化快速推进的当下，我们应妥善保护与开发老城区历史文化遗存等非物质资源，要对新城建设与老城保护的关系进行合理处理，确保历史延续与现代发展并行不悖，从而为城市发展和社会经济环境注入新的活力。

四、生活理念的自然化倾向

只有在自然环境中，人类才能维持生存。因此，如何对有限的资源进行明智的认知和利用是环境保护的核心议题。这不仅需要我们革新技术并改进我们的行为模式，还需要我们改变自身的思维模式。对这一问题的担忧和关注，推动着半个世纪以来人们思想观念的极大转变。有学者认为，这个星球的资源是有限的，根本不能维持人类无节制的消费和生产活动。2000 年，任平在《时尚与冲突：城市文化结构与功能新论》中描述:“当我第一次碰到关于自然界在人类世界中的地位问题时，那时候城市还没有将自然层层包围起来，而只是局部的自然环境地区被侵蚀和破坏了……如今的美国和欧洲的土地被大面积破坏、侵蚀，原生态的自然区域大面积地减少着，这种情况不只是发生在农村，还持续发生在不断扩大的城市范围。”[①] 这种观念将环境问题一次次推到人类发展的重要议题之前，也在城市的现代化发展与环境艺术设计之间建立起紧密的联系。

随着生态理念和环保意识的增强，人们对自然的理解越来越深入，不仅包括田园诗般的家居陈设，更包含返璞归真的自然主义倾向的生活方式，人们追求天

---

① 任平．时尚与冲突：城市文化结构与功能新论 [M]. 南京：东南大学出版社，2000.

然绿色环保的材料，吃有机食品，喝低糖饮料，将自身与自然的关系由过去的开发利用转换成今天的相互依存。这种生活理念的巨大转变，也深刻体现在城市公共环境设计的自然化倾向之中。全球的设计者都在持续关注“回归自然”的设计主题，创造各种设计纹理，采用各具特色的贴近自然的设计手法和工艺，引导人们对自然进行联想。在全球范围内掀起巨大影响的北欧斯堪的纳维亚设计流派，就是在此时逐渐发展壮大的，该流派的设计风格注重天然材料和自然色彩的使用，大量使用民间艺术手法和设计元素，在家居环境设计中创造出了浓郁的田园气息。

对于今天的城市公共环境设计来说，要在设计过程中秉承对生态环境负责的理念，坚持可持续发展原则，着力解决有关生态环境与城市建设协调发展的问题。设计者既要认识到并运用好设计潮流中的自然化倾向，倡导自然环保的生活方式，又要在建设中节约合理利用自然环境，提高城市土地利用率，增强资源的循环再利用，延长自然环境的生命周期，减少能源消耗，实现对生态环境的科学开发与保护。

五、审美中的个性化与高情感化

在经济、信息、文化高度繁荣的当代社会，人们的审美意识和审美需求不断提升，环境艺术设计的新理论和新手法异彩纷呈，获得了蓬勃的生命力和广阔的发展前景。在审美理念和工艺技术手段相对发达的国家，城市公共环境设计产业正朝着科技和情感融合的趋势发展。在融合中，体现了对新工艺新材料的审视，也体现出对人的重新发现和个性化思考。

随着社会的进步，人们对城市环境空间提出了新的要求，简单的绿化或景观已无法满足当代人们的审美需求，人们更加倾向于集休闲、绿化、建筑、文化、娱乐、信息于一体的复合型设计。彼此雷同、千篇一律的同一化设计现状正在被打破，人们需要在个性化和情感化设计之中寻找主体价值的实现。

艺术设计作为人类精神文化的重要体现，其创作灵感源自生活，是设计师情感和思想的具象化表达。伟大的设计作品不仅能触动人心，还能激发人们的想象，引导人们的行为。在城市化进程中，公共环境设计承载着城市文化的表达和传承。设计者通过独特的艺术手法，将城市文化的多元特性以鲜活的元素形态呈现出来，与公众形成审美和情感层面的交流。在环境设计实践中，设计者善于从传统文化中汲取灵感，将寓意吉祥、团圆和美满的民俗文化元素融入设计之中。这些高情感化的文化元素已经成为城市生活不可或缺的一部分。例如，石狮子这一传统装饰元素，曾是古代官府、庙堂和豪门巨宅的标志。石狮子不仅寓意避邪纳吉，还彰显了气派和威严。雄狮爪下多为球体，雌狮爪下多为幼崽，分别象征着权力和子嗣的延续。这些设计元素不仅是对传统文化的传承，更是对生活灵感的提炼，使传统与现代交织在一起，增强了设计的情感色彩。

现代的城市公共环境设计不能低估现实世界的变化性和复杂性，要加强对现代社会诸多元素间隐含联系的了解，城市规划、环境保护和建筑设计在交通、工业、社会和经济等方面已联系在一起，不再单纯靠设计者的创造力解决，而是需要依靠管理、控制城市的整体系统功能来解决。正如瓦尔特·格罗皮乌斯在 1949 年提出的，现代城市环境设计需要发展出让环境获得同意的通用设计。

第二章　城市公共环境的设计方法

城市公共环境的设计涉及多个方面，恰当的设计方法有助于创造既美观又实用的空间，满足城市居民的需求。本章为城市公共环境的设计方法，具体包括城市公共环境的场地设计、城市公共环境的空间构成方式和城市公共环境的物质要素设计。

第一节　城市公共环境的场地设计

城市公共环境的场地设计是一个复杂且细致的过程，涉及多个方面的考虑和规划。

一、场地分析

城市公共环境不仅是包含各种层次的系统，也是处于其所在城市整体系统的一个组成部分，在设计时，设计者需将城市公共环境视为城市大环境中特有的有机单元，而非孤立地存在。因此，需要对城市公共环境与周围建筑、绿化、道路和城市景观等要素间的关系进行深度分析，理解其内在的有机联系和配合方式。此外，设计者还要对自然条件如地形、朝向等对设计的影响进行充分考虑，以确保设计的合理性和可持续性。分析场地并进行总体布局时，设计者需要对周边的规划情况、道路和场地现状中的积极因素进行充分利用。同时，设计者要根据设计的需要，积极改善原有环境的不利因素。

二、场地出入口选择

在选择场地的出入口时，设计者应当充分考虑基地及其环境条件，确保出入口能够便捷地连接附近干道，同时需要保证人流能够畅通活动。如果场地所面临的干道有多个方向，那么设计者应该根据主要人流的方向进行设计。同时，该场地出入口停车场的布置也应依照设计规范的限定内容满足交通功能的要求，如表2-1-1、表2-1-2所示：

表2-1-1　汽车停车布置方式比较

基本方式	主要特点
平行式停车	所需停车带宽度小，在设置适应的通行带后，车辆出入方便，但每个车位停车面积大
斜列式停车	对场地形状的适应性强，出入方便，但每个车位占地面积大
垂直式停车	停车方便，但所需停车带宽度大，出入所需通道宽度大

表2-1-2　自行车停车带宽度与通道宽度

停车方式		停车带宽度（米）		车辆间距（米）	通道宽度（米）	
		单排停车	双排停车		一般使用	两侧使用
垂直排列		2.00	3.20	0.70	1.50	2.60
斜排列	60°	1.70	2.77	0.50	1.50	2.60
	45°	1.40	2.26	0.50	1.20	2.00
	30°	1.00	1.60	0.50	1.20	2.00

三、场地功能与景观分区

场地内部功能分区主要依照外界环境条件、空间使用功能和人的行为心理等，确定空间领域和形成空间层次。例如，外部的—半外部的—内部的，公共的—半公共的—私密的，多数集合的—中数集合的—少数集合的，嘈杂的、娱乐的—中性的—宁静的、艺术的，动的、体育性的—中性的—静的、文化的，开放的—半开放的—封闭的。场地各区域间的功能组织秩序可以是直线型的，也可能是向心形的，即以主体空间为中心，其余空间围绕布置的方式。

如果说功能分区主要解决的是场地使用性方面的问题，那么景观分区则更多涉及视觉观赏层面“看什么”的问题，可以从节点、轴线、界面和层级结构等方面进行考虑。此外，在对环境场地进行功能与景观分区的同时，需要注意功能与景观本身还具有可变性和复杂性的特点。在此基础上初步形成各部分空间区域的流线序列、动静分区、面积大小和形态关系。

四、场地道路交通组织

场地内的道路交通组织则应以出入口位置、功能分区和景观分区作为基础，总体布局上遵循安全、连续、畅通、便捷的原则。在场地内，设计者必须明确车辆领域和人的使用领域，各部分尽量减少相互的干扰，并保持彼此的相互联系。出入口在视线上应有引导作用、流线畅通，减少不必要的曲折和迂回，同时利用设施导向，如路面连续的材料铺设或方向指示，以及连续照明灯具、树木引导等，能够使人的视觉保持连续性和方向性。

第二节　城市公共环境的空间构成方式

空间是城市公共环境设计的基本手段，为人们提供了多样化的户外活动场所和空间使用方式。与室内空间相似，三度空间的组成界面同样存在于外部空间中。其中，底面即基础平面，包括大地、低矮植被、水体和铺地材料等；垂直面涉及建筑立面、乔灌木、围墙等；而顶面，即上部空间，包括天空、树冠和遮阳棚等。外部空间的设计通常是对前两种界面基础平面和垂直面的设计，但有时也会涉及上部平面的设计。将环境和场所理解分析成组成三维形态的界面将有助于设计者培养空间意识，并提高其利用空间进行创造性设计的能力。

在城市公共环境设计中，各界面、物质要素与环境空间所构成的形态和组合关系是达成物质形体整体性的关键。城市公共环境的空间构成方式涉及空间的限定与分割、空间的过渡、空间的穿插与空间的序列等。

一、空间的限定与分割

在城市公共环境设计中，设计者通常通过实体或界面，在大的空间中再限定和分割出小的空间，对空间的二次限定和分割不仅可以划分出不同的功能空间，还可以使空间的比例满足使用者的需求，营造丰富且亲切的环境特征。设计者可以通过调整地面的升降、材质和色彩等方式来对空间进行界定和分割；同时，可以利用各种垂直界面，如建筑物、植物、地形和垂直水体等限定和分割空间，以营造出丰富多样的公共空间。

通常来说，通过底界面与顶部界面对空间进行限定和分割的方式，要比采用垂直界面进行围合的程度弱。当然，根据不同环境的小气候、场所特点，以及人们的使用和体验要求，设计者在设计中往往将不同的方式相结合使用。

空间的开敞是为了与城市环境的融合和进行人流集散，而部分空间的封闭性和非交通性则是为了创造出公共环境的场所性和领域性。除了大量人流疏散和纪念性的要求，在城市中，完全开敞和完全封闭的公共环境是比较少的。通常，大量的城市公共环境是部分开敞、部分封闭的。在设计中，为使城市公共环境既具有封闭的场所特性，又满足开放性的社会使用功能，应根据公共环境的实际功能要求和特征，适当保持实体或界面的封闭性和连续性，其中，应特别注意公共空间的高宽比例，开口的位置、数量、面积，以及檐口线的变化。此外，设计者在设计中还可以适当利用大型茂密的树木植栽达成封闭性。

二、空间的过渡

当两个空间相隔一定距离时，第三个过渡空间的存在就显得尤为重要，它的形式和性质应当有别于其所连接的两个空间，以此来表示其连接作用。如果过渡空间与其所连的两个空间没有大的区别，则形成了邻接式的串联空间。有顶盖（如柱廊或底层架空）的过渡空间也可以使两侧的空间彼此连接、相互渗透。

三、空间的穿插

多个空间相互重叠可以形成一个共用部分，每个空间仍保持各自作为空间所具有的界限并具有一定的完整性，而总体空间兼有每个空间的特性。穿插的部分有时可以通过边界的提示（如一两步台阶，一排旗杆或柱子）而自成一体，成为多个空间的连接空间。空间的穿插还可以采取铺装不同材质、色彩等来表示导向和空间的变化。

四、空间的序列

城市公共环境是使用者在运动中进行感知和体验的场所，因此，前后不同空间的序列和关联性也是空间构成的主要设计方式。空间的序列和关联性可以通过空间在形态、面积等方面的对比和重复来取得。此外，因为不同运动方式的人们感受空间场景的时间和距离各不相同，所以，空间的序列和节奏也需要充分考虑主体的运动速度。

第三节　城市公共环境的物质要素设计

一、硬质环境要素设计方法

（一）铺地

在城市公共环境体系中，地面作为一个基础界面，不仅是人们日常出行和活动的平台，还与人类的生活息息相关。无论是混凝土、石块，还是陶砖、木材，这些铺地材料在实际设计中被频繁使用。地面的优化设计不仅需要满足功能性需求，如防滑、耐磨、排水等，以确保车辆和行人的便捷和安全，更需要注重其对城市公共环境的美化作用。

地面铺装涉及几个重要方面：首先，地面材料须具备防滑、耐磨、易于排水的特性，也要便于管理；其次，地面应具有导向性，以通过铺装的方式对空间进行引导、限定和标志；最后，地面的装饰性也不容忽视，它可以为空间增添美感，丰富视觉体验。例如，车行的地面要保持连续性，供车停泊的地面宜作停车位置的地面图案处理。而人行的地面则要从便利、安全、美观等角度出发进行设计。地面铺装材料的选择和铺砌方式，主要取决于城市公共环境的功能和整体空间效果。不同质感和纹理的材料可以给人以不同的生理和心理感受。粗质感材料具有朴实感，尺度较大；细质感材料精致华美，尺度较小。质量和纹理的粗细对比，可以限定提示空间、增强环境的趣味性。

城市公共环境铺地色彩的选择要比建筑立面色彩具有更为广泛的选择自由度，鲜艳色彩和强烈对比一般不会破坏环境的整体性。在选择地面的色彩时，设计者需要综合考虑周围建筑和环境设施的因素，同时要考虑光线照射强度的影响。较为阴暗的地方适合选择浅色或暖色的地面材料，这样可以增加空间的明快感，为人们带来舒适的感觉。同时，设计者需要注重地面的图案设计，不同的图案可以产生各异的视觉效果，表达出不同空间和领域行为方式的意义。例如，向心图案能够吸引人们的视线，促使人们聚集并进行群体活动。相反，无向图案可以营造出朴素、安静的氛围。

（二）踏步和坡道

由于城市公共环境中的地坪高度不一，为了便于行人的转移，需要设计合理的踏步和坡道。人们有时还可以在踏步和坡道上欣赏风景或者休息。踏步和坡道不仅有效地划分了空间布局，同时促进了戏剧性空间的形成，能够显著突出周围环境的独特性。对于那些以非交通功能为主的坡道和踏步，其方向性特征可以适度弱化。为了增添空间设计的多样性，踏步和坡道可以以多种线性形式呈现，如曲尺形、折线形或曲线形等。

在舒适性方面，踏步的坡度以 1 ： 7 至 1 ： 2 为宜，其级数在大约 11 级时最为舒适，同时，平台宽度应不小于 1 米以保障行人安全。对于坡道的设计，坡度是一个关键因素。标准的坡道坡度宜为 1 ： 5，若考虑无障碍设计需求，坡度可设定为 1 ： 12，1 ： 10 是设计界限。坡度控制应确保坡度不会过陡或过缓，以保证使用安全性和便捷性。同时，为了保障使用者的安全性，坡道表面还必须具备防滑特性，且地面水的排水方向应设计为向路面两侧排放。踏步和坡道的材料选择和拼接与地面铺装较为相似。在大型开放空间中，为了创造出更加生动而富有层次的坡面景观，踏步和坡道常与其他景观元素如灯具雕塑、瀑布流水、花坛绿植等相互融合。这种综合性的设计手法不仅提升了空间的美学价值，也增强了空间的实用性和功能性。

（三）环境设施

城市公共环境设施按照主要服务功能可分为安全设施、便利设施、情报设施等几大类别，在设计中要充分考虑人的行为习惯、生理特点和心理特点，符合功能性、舒适性等要求。设施设置的位置、方式和外观形态均应结合环境，因地制宜，符合空间特色。以下分别列举几种代表设施进行简单介绍：

1. 安全设施

（1）护柱

护柱通常设于居住区、步行商业街入口或广场中心，起到阻止车辆侵入、划分引导空间、丰富景观等作用。由于护柱一般设置在人流比较密集的城市公共环境中，往往与照明、休憩设施相结合，以满足多样化需求。

（2）围墙与栏杆

围墙与栏杆主要用于分隔环境内外区域，防止车辆和行人侵入，具有较强的限定和引导作用。由于表露面积较大，其形态、色彩、高度和材质等都应与围挡环境的性质特点相呼应。

2. 便利设施

（1）公厕

公厕常设于街道、广场和公园绿地干道附近。公厕的设置需要便于人们寻找，同时要充分考虑其体量和造型对周围环境的影响。置于地下的公厕入口要明晰，管理方可以通过特殊标志、铺地和护墙阶梯扶手等加以引导。公厕设计要求便利、清洁、舒适、环保和节能。

（2）售货亭

售货亭是指在街头和人流密集的城市公共活动场所为满足行人即时需要，而进行商品零售服务的专用服务设施，具有小型多样、机动灵活、购销便利等特点。最为常见的售货亭是指销售香烟、饮料、冰激凌、食品、报刊、旅游纪念品等商品的售货亭。另外，也有自动擦鞋、照相、兑换票券的无人服务台。售货亭除有机械和贮存设备的功能，还有展示、咨询和标识等辅助功能。售货亭要尽量集中设置，位置要适当，留有充裕的活动空间，上空设有棚盖。除了符合现代功能要求，售货亭在造型上也要注意与环境保持协调关系。

（3）座椅

在城市公共环境中，座椅是为人们提供休息、观望、交谈的专用设施。它和人体有着最密切的关系，也是最容易创造亲切环境的实质要素。座椅应该选择有着较好触感的木材作为材料，还可以选择混凝土、石材、塑料和金属等材料，其中木材是首选。在选用木材时，制作者需要对木材进行防腐处理，同时要对座椅转角处进行磨边倒角处理。设计者应该根据人体工程学原理对室外座椅（具）进行设计，普通座面高为 38～40 厘米，座面宽为 40～45 厘米，标准长度：单人椅为 60 厘米左右，双人椅为 120 厘米左右，3 人椅为 180 厘米左右，靠背座椅的靠背倾角为 100° ～110° 。座椅附近应配置烟灰皿、垃圾箱和饮水器等服务设施。

根据所在环境与使用人员的不同，座椅的用途可分为长时间休息和短暂停留两种，在一些特定场所，其他设施如护柱、花坛等也可以兼有休憩功能。座椅设计要满足人们的生理和心理的要求，同时在色彩、体量、造型和材质等方面也要特别考虑与环境（环境性质、背景、铺地）的呼应关系。

此外，座椅的使用频率（一人一次占用时间）也是设计者需要考虑的因素之一，使用频率小的座椅可选用水泥、石材，如商业街道中的座椅；使用频率大的座椅如公园中的座椅可选用木材。

（4）垃圾箱

垃圾箱是维持城市公共环境卫生的设施。垃圾箱分为固定式和移动式两种，有木材、石材、水泥、塑料、彩陶、混凝土、玻璃钢和不锈钢等材质，主要设置在行人停留时间较长及易于丢弃垃圾的场所。普通垃圾箱的规格为高 60～80 厘米，宽 50～60 厘米。放置在公共广场的垃圾箱要大于普通垃圾箱，高度宜为 90 厘米左右，直径不宜超过 75 厘米。垃圾箱的设计要保证筒体有一定的密封性，筒内装有可抽拉的套件或可更换的塑料袋，周围地面平实。一般个别设置的垃圾箱多在休憩或商业性公共空间，人们在此空间中从事的活动最容易产生少量、快速且性质强烈的垃圾，因此，此类垃圾箱的数量多但容量较小。而集中式垃圾箱多为对大量垃圾进行收集和处理的装置，体量较大，在空间中甚为醒目。此外，配合活动高峰时期，还可设置临时增补式垃圾桶。

（5）饮水器

饮水器主要有雕塑式饮水设备、独立式饮水设备和悬挂式饮水设备等类型。放置饮水器主要是为了满足人们在公共环境中的生理卫生需求。在设计饮水器的结构和高度时，设计者需要考虑不同群体的情况，如 65 厘米是供儿童使用的饮水器高度，80 厘米是供成年人使用的饮水器高度，同时需要针对轮椅使用者进行特殊设计。

3. 情报设施

（1）告示牌

告示牌是指为人们提供准确且详尽信息情报的设施，如报栏、招贴栏、展示橱窗、路牌和标示牌等。告示牌的造型、色彩和材质要首先考虑告示牌在环境中的易识别性。其次，告示牌的设置地点要便于人们获取信息，但告示牌不能在环境中过分注目，特别在历史文化保护地段或自然保护区中尤是如此。最后，告示牌的外观造型也要求具有装饰和导向作用，必要时还可与雕塑、照明和廊亭等其他设施结合在一起。

（2）电话亭

电话亭是人们进行双向通信和联络的必要设施。电话亭的形式根据其所处环境的公共性和其使用频率可采取隔音式、半封闭式和半露天式。设置台数可分为独立设置、两间并列和多间集中。电话亭的造型特别要注重使用效果，既要考虑遮风避雨，又要保证通话的私密性，以及人体比例尺寸与设施间的和谐，还需要照顾弱势群体的需要。

4. 其他设施

（1）雕塑

雕塑作为一种造型艺术，可以营造出独特的环境氛围。根据功能的不同，雕塑可以分为：主题性雕塑、装饰性雕塑、纪念性雕塑和功能性雕塑等。根据表现形式的不同，雕塑可以分为动态雕塑和静态雕塑，具象雕塑和抽象雕塑，浮雕、圆雕、凸雕等。在设计时，设计者需要根据视觉规律和整体环境对雕塑进行布局。

（2）灯具

灯具既可以为夜行者照亮道路，也可以成为城市公共环境的装饰元素。灯光还可以强调特色景观，如喷泉、雕塑和建筑图案等。灯具的主要类型包括路灯、园林灯、投射灯等。灯柱的类型、高度、间距需要从以上功能条件考虑。高强度灯的灯杆高度至少 10 米，人行道灯高度最多为 3.6 米，由于台阶处或园林植物区需有足够光源，多用 90 厘米园林灯或低杆灯。

二、软质环境要素设计方法

（一）绿化

在城市公共环境的打造中，人工与自然交相呼应的绿化扮演着不可或缺的角色。它不仅对环境质量有着显著的改善作用，还是组织外部空间和美化环境的重要手段。

在实施绿化设计时，必须基于总平面布置与场地环境，对植物特性、环境功能和观赏的艺术性等多方面因素进行综合考虑，如表 2-3-1 所示：

表 2-3-1　环境功能要求与绿化树种

环境功能	绿化要求	推荐树种
防风林	树根发达，性喜丛生，也不易吹落	榆、槐、柳、银杏和松柏等
防晒、防火	选用树叶含树脂少、水分多的树种	泡桐、白杨和洋槐等
防噪声	选分枝低、冠大且密的树种	白杨、枫树、广玉兰和雪松等
公共绿地	用观赏树，遮阳乔木、隔离绿篱等	香樟、鸡爪槭、梧桐和桂花等
建筑前绿化	用夏季遮阳、冬季纳阳的观赏性落叶树种	梧桐、樱花、紫薇和石榴等
绿篱	防护分隔空间，可修剪成几何形态或形成图案	黄杨、海桐、栀子、夹竹桃和八角金盘等
花坛	整齐成排布置或单独点缀，也可与水池、喷泉、雕塑和座椅等组合，选择时注意色彩的四季搭配及香味	矮牵牛、一串红、月季、千日红、鸡冠花、羽衣甘蓝、红花、酢浆草、三色堇、彩叶草和杜鹃等

具体要求为：在对基地内的绿化与树木进行布局时，设计者应充分考虑场地内建筑物及道路与周围环境的要求；在树种选择上，设计者要因地制宜，选择符合其功能和性质的地区性树种；需要确保绿化不会对交通及地上、地下的管线运行和维修造成影响。

绿化形式多样，包括树木（如乔木、灌木等）、草坪和盆栽等。在进行城市公共空间设计时，设计者应该根据设计的需求选择合适的种植种类和组合形式，如表 2-3-2 所示。为了丰富景观造型，绿化的支架和容器等附属设备经过设计可以进一步增强环境的趣味性和主题性。

表 2-3-2　不同绿化植物组合的空间效果

植物分类	植物高度（厘米）	空间效果
花卉、草坪	13～15	能覆盖地表，美化开敞空间，在平面上暗示空间
灌木、花卉	40～45	产生引导效果，界定空间范围
灌木、竹类、藤本类	90～100	产生屏障功能，改变暗示空间的边缘，限定交通流线
乔木、灌木、藤本类、竹类	135～140	分隔空间，形成连续完整的围合空间
乔木、藤本类	高于人的水平视线	产生较强的视线引导作用，可形成较私密的交往空间

（二）水体

水体作为城市公共环境中不可或缺的元素，虽无色无味、形态多变，但以其独特的功能、视觉形态为环境增添了丰富的层次。水体既可以净化空气，也可以对小环境气候进行调节。当其与其他景观元素结合时，水体能够增强整个空间的美学特性。设计者借助水体的点（焦点）、线（网络）、面（背景）等形态进行综合布局，可以取得多样性的空间变化。同时，设计者借助水体的流动、渗透、聚散和光影等特性，还可以为城市公共环境营造出具有特色的效果氛围。此外，水体与高科技的声、光、电相结合，更能增加环境的艺术魅力和趣味性。

城市公共环境中的水体设计主要包括水池、流水、喷泉、瀑布等类型。

1. 水池

水池主要营造的是静态的水，其形态、深浅、池岸造型都需要与活动特点、景物和环境氛围相一致。规则几何形的水池构图严谨，给人以安静、稳定之感。同时，其边缘线条挺括分明，比较适合于以平直线条为主的现代建筑。不规则自然形的水池形态多变、自然活泼，具有视觉张力。如果较宽的水池要拒绝人的通行，就可以采用桥或步石形式相联系。

2. 流水

在有坡度的通道中，通过重力作用产生自流的水，即流水。流水具有运动性和方向性，可利用水体的波动增加环境的趣味，形成生动、活泼的城市公共环境。流水的特征取决于水的流量、通道大小与坡度，以及通道底面和岸的性质。在通道宽度和深度不变的情况下，较光滑和细腻的材料可使水流平缓、稳定，比较适合用于宁静、悠闲的环境。通过改变通道的前后宽窄，加大坡度，或使用毛石、卵石等粗糙材料，可使水流产生撞击或绕流。

3. 喷泉

喷泉是指在水压作用下从特别喷头中喷出的水流，由于其在垂直方向上的变化，通常与灯光相配合。喷泉的吸引力主要取决于喷水量和喷水的高度。它能从一条水柱，发展到各种大小水量和喷水形式，大多数喷泉都装设在静水之中。依形态特征，喷泉可分为四类：单射流喷泉、喷雾式泉、充气泉和造型泉。

4. 瀑布

瀑布是流水从高处突然落下而形成的。瀑布可以分为三种类型：自由落瀑布、叠落瀑布和滑落瀑布。台阶或斜坡式的瀑布可以通过斜面对阳光进行反射。同时，如果将底脊埋入斜坡，则可以让水翻滚起来并产生大量泡沫，从而为环境增添无限生机和活力。在近代城市公共环境中较多应用的一种变形瀑布为水幕墙，通常用泵将水打上墙体的顶部，而后水沿墙形成连续的帘幕由上而下垂落。水幕墙可以构成空间的背景，提供悦耳的水声和闪光的水色，组成空间的垂直面；亦可构成视线的焦点，以其特殊的生态与环境的宁静产生对比。设计者通过设计不同的溢流边沿可以取得不同的水幕造型。例如，马来西亚双塔前广场环境中的水幕墙，以及新加坡新闻及艺术部大厦（MICA Building）庭院环境中的水幕墙，都以其特殊的生态与环境的宁静产生对比，成为空间中的中心点。

在城市公共环境设计中，以上各种类型的水体可以单独设置或进行组合使用。在选择水体造型与位置时，设计者应考虑水景主题。水景的形式要与环境的使用功能和目的相协调，一方面以环境渲染和衬托水景，另一方面也达到装饰环境或启发联想、创造意境的目的。一般来说，水景的位置多设于交通要道、人流聚集处或轴线交点处。设计者也可以根据环境特点，在边缘空间设计一些小型点缀水景。公共环境中各种不同的平面形态可以通过水体达成统一，增加整体空间的联系性。

第三章　城市公共建筑环境设计

城市公共建筑环境设计是指在城市规划和建筑设计过程中，对公共建筑及其周边环境进行综合考虑和精心设计，以满足人们的生活需求、提升城市形象和促进可持续发展。这一设计过程不仅关注建筑本身的美观和功能性，还注重建筑与周围环境的和谐统一，力求创造出舒适、便捷、安全且具有文化特色的公共空间。

第一节　城市公共建筑环境设计的目标与要求

一、城市公共建筑环境设计的目标

建筑是城市的细胞，每一幢建筑的室内外环境的好与坏都会直接影响居住、工作在这个城市中的人们的生活质量。城市公共建筑环境设计在提升城市形象和品质方面扮演着至关重要的角色。精心设计的公共空间不仅能美化城市景观，还能增强城市居民的归属感和自豪感。城市公共建筑环境设计的目标是创造一个和谐且可持续发展的城市空间。这一目标涵盖了多个方面，包括以下几个关键点：

首先，设计应注重人与自然的和谐共处。这意味着城市公共建筑的设计中应充分考虑生态环境的保护和改善，采用绿色建筑材料，增加绿地面积，以及通过合理的布局和规划，促进生物多样性保护。这些措施可以为城市居民提供一个宜居的环境，同时减少对自然资源的消耗和污染。

其次，公共建筑环境设计应注重社会的和谐。设计者需要考虑不同社会群体的需求，确保公共空间的无障碍设计，满足老年人、儿童和残障人士的使用需求。此外，多功能的公共空间的设置，可以加深社区居民的联结，使社区凝聚力得到有效增强，从而构建一个包容、友好的社会环境。

再次，可持续性是城市公共建筑环境设计的核心目标之一。这不仅体现在建筑材料和能源的高效利用上，还体现在设计的长远规划上。设计者应采用可再生资源，减少能源消耗，提高建筑的能效标准。同时，灵活的设计能够使公共建筑适应未来的变化，满足未来几代人的需求。

最后，城市公共建筑环境设计还应注重美观和文化传承。设计者应结合当地的历史文化背景，创造出具有地域特色的建筑风格，同时融入现代设计理念，提升城市的整体形象。这种方式不仅能使公共建筑成为城市的地标，还能使公共建筑成为传承和弘扬城市文化的载体。

综上所述，城市公共建筑环境设计的目标是构建一个和谐、可持续的城市空间，这需要设计者在生态、社会、经济和文化等多个方面综合考虑，以实现城市的长期繁荣和发展。

二、城市公共建筑环境设计的要求

（一）要增强公共空间的可达性和包容性

在构建和谐、可持续的城市空间的过程中，非常关键性的内容是增强公共空间的可达性和包容性。可达性不仅关乎物理上的无障碍，更涉及社会层面的公平性。一个设计良好的公共空间应确保所有城市居民，无论年龄、性别、能力或社会经济地位，都能轻松到达并使用。在实践中，这可以通过设置宽敞的人行道、无障碍通道、清晰的导向标识和安全的交通系统来实现。包容性则要求公共空间设计要满足多样化的使用需求，如为儿童提供游乐设施，为老年人设置休息区，以及为残障人士提供专用设施。例如，纽约市的布莱恩特公园通过重新设计，不仅提升了空间的美观度，还通过增加活动区域和改善照明，使公园的使用率显著提高，成为一个包容性强、可达性高的公共空间典范。

（二）要优化公共空间的多功能性和灵活性

在构建和谐、可持续的城市空间中，优化公共空间的多功能性和灵活性是关键。多功能性意味着公共空间能够适应不同时间、不同人群的需求，从而提高空间的使用效率。例如，一个公园在白天可以作为市民休闲娱乐的场所，到了晚上则可以转变为举办户外电影放映或音乐会的场地。多功能空间的使用频率会比单一功能空间高出不少，这不仅提升了空间的经济价值，也增强了社区的凝聚力。

灵活性则体现在公共空间设计的可变性和适应性上。在设计时，设计者应考虑空间布局的可调整性，以适应未来可能的变化。例如，可移动的座椅和可重组的模块化结构，能够根据活动的需要快速转换空间功能。在哥本哈根的超级线性公园项目中，设计者通过引入不同国家的元素，创造了一个可以举办各种文化活动的多功能空间，同时保持了空间的开放性和灵活性。

此外，优化公共空间的多功能性和灵活性应考虑空间与周边环境的互动。通过引入绿色基础设施，如雨水花园和渗透性铺装，不仅能提升空间的生态价值，还能在雨季为城市提供额外的休闲空间。

（三）要提升公共空间的舒适度和人性化设计

在构建和谐、可持续的城市空间中，提升公共空间的舒适度和人性化设计是至关重要的。舒适度不仅关乎物理环境的温度、光照、通风等要素，更涉及空间布局、座椅安排、无障碍设施等细节。公共空间的座椅布局应考虑人体工程学原理，确保人们在使用时的舒适性。此外，人性化设计体现在对特殊群体的关怀方面，如设置无障碍通道、盲道和儿童游乐区，以满足不同年龄和能力层次的需求。

（四）采用环保材料和节能技术

在构建和谐、可持续的城市空间的过程中，采用环保材料和节能技术是一个关键，只有这样才能有效促进建筑与自然环境的和谐共生。环保材料的使用不仅减少了对自然资源的消耗，还有助于降低建筑的碳足迹。例如，使用再生材料可以减少新资源的开采，同时减少废弃物的产生。建筑行业的能源消耗和温室气体排放在全球中占很大比例，因此，节能技术的应用对于实现城市的可持续发展至关重要。采用高效的隔热材料、太阳能光伏板和智能温控系统等节能技术，可以显著降低建筑的能耗。例如，德国的“被动房”设计标准，通过优化建筑的保温性能和利用可再生能源，实现了能源需求的大幅降低。在城市公共建筑环境设计中，环保材料和节能技术的运用是实现可持续城市空间不可或缺的一部分。

（五）要实现建筑与自然环境的和谐共生

在构建和谐、可持续的城市空间时，实现建筑与自然环境的和谐共生是至关重要的。这不仅关乎城市的生态平衡，也是提升城市形象和品质的关键因素。例如，采用绿色屋顶技术的建筑可以减少雨水径流，降低城市热岛效应，同时为野生动植物提供栖息地。绿色屋顶可以减少建筑物能耗，并有助于提高空气质量。此外，结合自然光和通风的设计，如使用智能玻璃和自然通风系统，可以显著降低建筑的能源消耗，同时为使用者提供更为舒适、健康的环境。建筑与自然环境的融合十分重要，而不仅是作为独立的实体存在。

（六）要体现城市文化特色和历史传承

在构建和谐、可持续的城市空间时，城市公共建筑环境设计扮演着至关重要的角色，尤其在体现城市文化特色和历史传承方面。城市不仅是现代文明的产物，也是历史沉淀的容器。例如，巴黎的埃菲尔铁塔不仅成为城市的标志性建筑，也成为法国工业革命时期技术成就的象征。通过这样的设计，城市公共建筑能够讲述这个城市的故事，反映城市的历史脉络和文化身份。在设计过程中，设计者可以采用历史建筑的元素和符号，如使用传统材料或模仿历史建筑的风格，以此强化城市的文化连续性。同时，设计者应深入研究城市的历史背景，运用分析模型来评估不同设计方案对城市文化传承的影响，确保新建筑与旧建筑能够和谐共存，形成有机的整体。城市公共建筑环境设计应致力于成为历史与现代的桥梁，让城市的文化特色和历史传承得以在新的空间中继续生长和繁荣。

第二节　城市公共建筑内部环境设计

一、城市公共建筑内部环境设计原则

随着社会经济的快速发展，我国城市公共空间中出现了大量的公共建筑。然而，城市化进程的加速也引发了一系列社会、人文和环境问题，包括建筑室内空气污染、地域性文化流失、人流拥堵和建筑空间个性的弱化等。因此，设计者希望能够通过室内环境设计提高城市居民的生活质量。

供人们进行各种公共活动且为非生产性的建筑物，即城市公共建筑，主要包括办公建筑、医院建筑、文化建筑、学校建筑、体育建筑、交通建筑和商业建筑。以下将从室内环境设计角度对城市公共建筑内部环境设计原则进行阐述：

（一）公共建筑内部环境设计的公共性

在公共建筑内部环境设计方面，公共性是一项重要的需要考虑的因素。设计的核心目的在于满足公众的日常生活需求，包括日常出行、购物、工作、健康保健、教育和艺术欣赏等。这不仅需要设计者打造令人心情愉悦和安全的空间环境，还要努力使其能够给人们留下深刻的印象。只有满足了人的基本需求，公共建筑才能致力于城市生态环境的改善及人们生活质量的提高。

办公建筑室内环境：具有鲜明的企业产业和文化特征，简洁、开放。

医院建筑室内环境：温暖、干净、安全、绿色，强调高效、便捷、有秩序的就医流程及安全舒适的治愈空间。

文化建筑室内环境：体现时代特点，反映时代的意念流向和技术进步，体现地方历史文化特点，体现使用功能，将形象与功能有机结合。

交通建筑室内环境：无障碍、标志明确、安全、人性关怀、流通性强。

体育建筑室内环境：空间大、功能齐全、体育工艺、公共性突出。

商业建筑室内环境：强调商业氛围和商业活动体验，强调业态构成、流线组织、空间设置的功能性。

（二）公共建筑内部环境设计的互通性

虽然在工艺流程、服务对象、性质等方面各类公共建筑有很大差别，但是，公共建筑内部环境设计也有一定的互通性。首先，公共建筑一般都是国有资金背景项目，内部环境建筑投资方只有满足政府的政策要求，以及经过多方审批才能投入资金进行建设。其次，在技术以及工艺方面，公共建筑内部环境设计需要满足国家或者行业的规范要求。最后，公共建筑内部环境设计需要符合时代潮流和大众审美。

（三）公共建筑内部环境设计的个性化

公共建筑内部环境设计是一项复杂且精细的工作，不仅是一项工程技术的实践，更是一种艺术创作的体现。在进行设计时，设计者必须严格遵守工程技术的规范要求，确保结构的安全性和可靠性。同时，设计需要符合规划要求，合理安排人流动线，以确保空间的高效使用和人员的安全疏散。此外，材质的选择和应用也至关重要，设计者不仅要考虑材料的耐用性和实用性，还要兼顾环保节能的要求，以降低建筑的能耗和对环境的影响。

在满足了这些基本的工程技术要求之后，设计者还需要在艺术创作上下功夫，使公共建筑内部环境设计具有独特的魅力。每一处设计都应该体现出其唯一性，反映出设计者的创新思维和对行业的深刻理解。空间的个性设计尤为重要，要能赋予建筑独特的气质和氛围，使其在众多建筑中脱颖而出。艺术感官的营造也是不可或缺的，设计者需要通过色彩、光影和材质等元素的巧妙运用，创造出令人愉悦的空间感受。造型的优美和视觉的惊艳是设计的点睛之笔，能够给人们带来视觉上的享受和心灵上的触动。

二、城市公共建筑内部环境设计要点

（一）空间布局和流线设计

在城市公共建筑的内部和外部环境设计中，空间布局和流线设计是实现和谐共融和可持续发展的关键因素。良好的空间布局不仅能提升空间的使用效率，还能增强用户体验，促进社会交往。在设计时，设计者应充分考虑人流动线的合理性，确保人流和车流的顺畅，减少拥堵和潜在的安全隐患。此外，流线设计应与建筑的功能性紧密结合，如在医院设计中，清晰的导向系统和便捷的患者流线可以显著提高医疗服务的效率和患者满意度。

在空间布局上，设计师应运用现代设计原则，如“少即是多”的理念，通过简化空间元素，创造出既宽敞又具功能性的空间。在流线设计方面，设计者应采用直观易懂的布局，避免复杂的交叉和迂回，以减少使用者的困惑和时间浪费。同时，流线设计应考虑特殊人群的需求，如设置无障碍通道和电梯，确保所有用户都能方便地使用公共建筑。

在可持续发展的背景下，空间布局和流线设计还应考虑环境因素，如自然光照的引入和自然通风的优化。合理布局可以减少使用者对人工照明和空调的依赖，降低能源消耗。例如，使用者可以采用“被动式设计”策略，通过对建筑朝向和窗户位置的精心设计，最大化地利用自然光和通风，从而达到节能减排的目的。此外，流线设计应与绿色交通系统相结合，如设置自行车道和步行路径，鼓励低碳出行，促进城市的可持续发展。

（二）材料选择和色彩搭配

在城市公共建筑室内外环境设计中，材料选择和色彩搭配是构建和谐共融和可持续发展的重要组成部分。选择恰当的材料不仅关乎建筑的耐久性和维护成本，还直接影响室内外环境的舒适度和美观性。例如，使用天然石材和木材可以提供一种温暖且自然的氛围，而金属和玻璃则能带来现代感和科技感。在色彩搭配上，设计者通常会参考色彩心理学，利用色彩对人的情绪和行为的影响设计空间。例如，蓝色和绿色常用于医疗建筑，因为它们能够营造出宁静和放松的感觉。此外，色彩的搭配应考虑地域文化特色，如在地中海地区，明亮的白色和蓝色是常见的选择，它们不仅反映了当地气候的明亮和清新，也与当地传统建筑相契合。在可持续性方面，为了保护环境，可回收材料和低挥发性有机化合物（VOC）的涂料是设计者的首选。恰当的材料选择和色彩搭配，使城市公共建筑室内外环境设计不仅能满足功能需求，还能传递出文化价值和审美理念，实现与环境的和谐共融。

（三）照明和通风系统设计

在城市公共建筑室内部和外部环境设计中，照明和通风系统设计是实现和谐共融和可持续发展的关键要素。照明系统不仅要满足功能性和舒适性的要求，还要考虑能源效率和环境影响。例如，采用 LED 灯具可以减少能耗，还可以提供更长的使用寿命和更佳的光色质量。采用智能照明系统，如使用光敏传感器和定时器，可以进一步优化能源使用，减少不必要的电力浪费。

通风系统设计关乎室内空气质量和人体健康。良好的通风设计可以有效排除室内污染物，提供新鲜空气，从而改善室内环境。例如，自然通风系统利用建筑的开口和风向，可以减少对机械通风的依赖，降低能耗。在设计时，设计者应确保通风量满足人体健康和舒适度的要求。

此外，照明和通风系统设计的创新也体现在对自然环境的尊重和利用上。例如，通过窗户设计和建筑的朝向设计，设计者可以对自然光进行充分利用，从而降低对人工照明的需求。同时，绿色屋顶和垂直花园等设计元素不仅能使建筑更为美观，还能在一定程度上对城市微气候进行调节，提供额外的隔热和降温效果。

三、城市公共建筑内部环境设计案例

各类公共建筑性质不同、工艺流程不同、服务人群不同，其设计的理念、主题、色调、材料各异，产生的视觉效果自然会给人们带来不同的感受。我们用 4 个具体的实践案例，来阐述如何做好公共建筑内部环境设计。

（一）广州南方航空大厦

作为南方航空公司的总部大楼，广州南方航空大厦矗立于广州白云新城之中。在白云山脚下，这座集大型商业购物中心与甲级写字楼于一体的综合体建筑，不仅彰显了南航的雄厚实力，更承载着其对未来无限的期待和想象。

在艺术与科技融合的设计理念下，广州南方航空大厦以“云端红棉”为创意主题，汲取了“云端”和“红棉”元素的精髓。以“云端”中的星云光线元素，“红棉”意念抽象化元素，将蓝天白云、航空飞行、南方航空标识和广州红棉的元素进行提炼化和升华，以国际化经营理念，体现企业文化、地域文化、国际视野和企业影响力相匹配的形象感官，以现代的艺术审美、设计手法、施工工艺打造一个现代、时尚、简约而又具有浓厚文化氛围的国际化大企业形象总部大楼。

大厦首层大堂的壁面形象墙以南方航空的飞机标识为主形象，大堂天花板的装饰为蓝天、白云，并以红棉作为点缀，展现出鲜明的企业文化和行业特征。整个大堂明亮宽敞，非常具有美感。大办公区内的设计灵感来源于内机舱形象，通过优美的弧度将办公空间营造得如同在“空中”般，舷窗呈灰白色。“红棉”的意念更在细节之处巧妙铺开。从红色的沙发、灯座到红棉挂画和标识的广泛应用，凸显了这座国际化企业总部大楼所应具有的端庄大气和时尚感。同时，这些设计元素巧妙地传达了南方航空公司的行业特点、地域文化和全球化经营理念：航空、南方、奋发、包容。

根据低耗、节约和环保的设计原则，广州南航大厦选用环保且耐用的玻璃、石材和金属板等材料，以轻工业风的工艺制作安装。

总的来说，广州南方航空大厦不仅是一座办公大楼，更是一个凝聚了现代艺术审美和建筑工艺的杰作。它以独特的形象和个性感观，让每一位身处其中的人都能感受到企业的活力和辉煌。作为南方航空的企业形象门户和总部基地，广州南方航空大厦成为国际大企业形象的象征。

（二）南方医院惠侨楼

自 20 世纪 80 年代以来，南方医院以卓越的医疗技术、规模宏大的建筑、完善配套的设施和装饰形象，始终领跑于行业前沿。南方医院惠侨楼不仅接待了多国元首及中国众多国家领导人，更是首次将个性化服务、营养餐饮、舒适的住院环境，以及专属医疗体验集于一栋建筑中。

为了更好地满足特殊人群的高规范要求，保持南方医院惠侨楼在华南地区的领先地位，设计者以现代的设计手法，焕发了其时代生命力。

室内环境设计遵循“生命之树，健康呵护”的理念，致力于增强医疗空间的人文性和温馨感。在设计过程中，设计者着重利用现代时尚元素来打造现代高端医疗空间。同时，经过深入研究“树”的形态，设计者提炼出具有现代设计感的抽象图案，并将其巧妙地融入每一个空间中。无论是大堂、电梯厅，还是阳光厅等重要空间的天花板，都运用了树叶镂空造型，旨在营造出一种身处大自然的氛围，使患者能够时刻处于“大自然怀抱之中”，从而增强医院环境的治愈能力。在选择材料和进行色彩搭配时，更加注重对柔和、舒适、温暖氛围的营造。

（三）广州民俗博物馆

广州民俗博物馆坐落于花都区的资政大夫祠古建筑群旁，继承了广府祠堂的建筑精髓，与周围的古建筑相得益彰。其内部设计尽显优雅和时尚，通过精雕细琢，勾勒出唯美、灵动的空间。通过融合广州的历史文化、花都的地域特色和古建筑群的独特韵味，广州民俗博物馆呈现出典型的岭南建筑风格，很好地满足了城市居民的文化需求。

“粤韵流芳”为该博物馆的设计主题，设计围绕“越、粤、悦”进行了深刻的阐述。其中，“越”代表穿越时空，即将不同时代的文化特征、审美观念和精神追求以现代手法呈现，让参观者在惊叹中领略历史文化的永恒魅力；“粤”代表了岭南特色，即将岭南建筑、地域文化、广府文化和民俗信仰融入设计中，既呈现了岭南的历史文化底蕴，又赋予了其现代审美和生活习惯的元素，从而实现世代传承；“悦”是设计的最终目标，意在通过穿越时空，展现优美、深厚的岭南文化，从而为参观者带来愉悦的体验。

在室内环境设计方面，设计者遵循了创意理念和功能性的统一原则。他们以资政大夫祠和广府建筑装饰的元素和风格为基础，确保建筑内外一致、整体和谐，从而对广府民俗和人文地域的特色进行了充分展现。设计者借用抽象元素，营造了独特的意境空间。例如，在大堂中，设计者利用浮雕和笔墨山水画的艺术形式呈现了广府锅耳屋顶元素，同时辅以古建筑群的剪影和满洲窗作为点缀，相映成趣。在色彩上，设计者借鉴了资政大夫祠古建筑的配色方案，以黑、白、灰的比例进行巧妙配比，形成了1 ∶ 4 ∶ 6的黄金配色比例，使整个空间既具有时代的灵动感，又具有历史的厚重感。

（四）港珠澳大桥东西人工岛

香港、珠海、澳门通过港珠澳大桥实现了连接，在桥上建有东、西人工岛，东岛的主要功能为休闲购物、旅游观光，西岛的主要功能为监控、接待和办公。

在色彩上，设计者摒弃了常见的装饰色彩，以简洁、明了的黑白灰环境，使人们去惊叹室外色彩斑斓的天空，以及波涛汹涌、潮起潮落的大海“色”。室外瞬息万变的旖旎风光，如日出日落、雷雨蓝天、潮涨潮退、波澜帆影，填满室内空阔、洁白的空间，犹如简单的显示屏播放着无穷无尽的色彩。

港珠澳大桥以轻工业风的工艺制作，采用现代的设计手法，营造出了非常时尚、动感飘逸、充满美感的公共活动空间。

随着我国社会的快速发展，城镇化进程也在不断加快。为了更好地解决“人民日益增长的美好生活需要和不平衡不充分的发展之间的矛盾”，政府致力于加强公共建筑内部环境设计，以提供给城市居民更加放松、安全、环保、优雅的公共空间。同时，政府强调城市公共环境设计应注重文化的传承和地域特色的彰显，从而提高城市居民对城市的认同感和归属感。

第三节　城市公共建筑外部环境设计

公共建筑外部环境除了与内部环境有一定联系，还考虑了建筑的造型、建筑外立面风格与色彩，以及周边建筑与环境的协调性。外部环境设计重点可放在地形、地貌的处理、绿化和建筑小品的处理、材料和色彩的处理上。好的公共建筑外部环境能显示出建筑的个性和特色，使人们有回到家的亲切。例如，办公建筑的周边要有一定面积场所供人休息，提供足够室外休闲活动场地和居民沟通交谈场所。大型广场和旅馆的周边要有足够的停车场和休闲广场。总之，外部环境的设计和创造，要体现以人为本的理念，加强满足建筑使用的要求，同时与城市环境相协调。

一、城市公共建筑外部原有环境的利用与改造

自然环境与人工环境是城市公共建筑的外部环境，在进行建筑设计时，设计者需要充分利用其有利因素，并尽量改造其不利因素。

（一）原有环境条件的利用

1. 绿化

要尽量保留好的绿化，同时严禁砍伐古树。

2. 地形

根据地形的起伏进行建筑设计，可以营造出高低错落的独特情趣。

3. 水体

场地内有水体，最好保留。室外环境中的山、水、石、木，以及空廊、墙垣、石、小径等小品均可与建筑体形相呼应。在建筑设计中，根据水体设计的风景通常是一大亮点。

4. 原有建筑

保留且利用原有建筑，既可以增强新建建筑的历史文化底蕴，也有利于展现文化的多样性。例如，清华大学的旧图书馆建于20世纪初，采用的是欧洲古典主义风格，构图完整，比例匀称，尺度亲切，色调淡雅，环境静谧。新馆扩建在

旧馆的西翼，采用了相似的比例尺度与形体组合手法，但更新颖，两部分水乳交融，更显出旺盛生机。

5. 文物古迹

要重点保护文物古迹，可以借助新建筑营造出时代与传统相融合的独特氛围，借此提高整体的文化品位。

（二）原有环境条件的改造

城市公共建筑外部原有环境不可避免地会存在一些不利条件，这时，设计者就需要根据其特性对其进行适当的改造。例如，可以在原有环境基础上营造假山、开渠引水、架桥铺路等，需要遵循审美和实用的原则。

例如，某中国古园林的建筑近水面而建。水体经过改造，曲折有致，配以形态各异的石块，充满野趣，实现了中国古园林的一个基本主张——虽由人作，宛自天成。

又如天津水上公园茶室，基地前方有广阔水面，但参观者远眺只有稀疏的林木，缺乏层次。茶室利用临湖一侧原有的狭长半岛为堤，端部设花架，又将半圆形茶室临水。这样，旅客饮茶可以尽览湖上风光，又增加了空间的层次。

二、城市公共建筑外部光环境与风环境的设计

建筑必须为人创造良好的、合乎卫生要求的环境，因此，解决好日照、通风和保护好环境也是建筑外部空间设计的重要内容。

（一）建筑日照

建筑朝向只有在南偏东、偏西 15° 以内，才能保证我国大多数地区的建筑能够获得良好的日照。南方地区的建筑宜朝东以避免夏季西晒、东晒。如果建筑必须朝西，则需要适度调整建筑的平面组合或开窗方向，或者借助遮阳设施或者绿化来遮挡阳光的直射。严寒地区的主要使用空间不宜朝北。

遮阳方式有固定式和活动式两种。固定式多用钢筋混凝土制作，活动式可用布、竹、木和轻金属等制作。遮阳的形式和尺寸应根据地区、朝向、建筑功能确定，并同时考虑隔热、挡雨、通风、采光和立面处理等要求。

为了争取冬季日照，以改善房间的卫生条件，建筑之间应满足日照间距的要

求。其计算通常以冬至日中午 12 时为基准，以正南方向太阳能照射到建筑底层窗台的高度为依据；在寒冷地区，则以太阳能照射到建筑墙角为依据。

假设 H 是指前排建筑檐口至地坪的高度，H_1 是指前排建筑檐口至后排建筑底层窗台之间的高度，D 是指太阳照到后排建筑墙脚时的日照间距，D_1 是指太阳照到后排建筑底层窗台时的日照间距，h 是指当地冬至日中午太阳高度角。则：

$$D_1=H_1/tgh;\ D=H/tgh$$

在具体确定日照间距时，设计者还要根据地形、建筑朝向以及城市规划要求等加以调整。我国部分地区正南向住宅日照的参考间距，如表 3-3-1 所示：

表 3-3-1　我国部分地区正南向住宅日照的参考间距

地点	理论计算值（D/H）	地点	理论计算值（D/H）
北京	2.01	郑州	1.61
哈尔滨	2.66	徐州	1.58
长春	2.39	西安	1.58
乌鲁木齐	2.38	南京	1.47
沈阳	2.16	上海	1.42
呼和浩特	2.07	武汉	1.38
天津	1.92	杭州	1.37
石家庄	1.84	重庆	1.33
太原	1.84	南昌	1.29
济南	1.76	福州	1.18

（二）自然通风

良好的通风能给室内提供新鲜空气，在夏季还能降温除湿。在建筑外部空间设计中，自然通风主要解决好以下 3 个问题：

1. 确定建筑朝向

除考虑日照，通风也是选择朝向的重要因素。单独的建筑的最佳朝向应当与夏季主导风向相垂直，这样可以最大化地利用自然通风和日照。形态如“Ⅰ”形或“Ⅲ”形的建筑的开口设计应与夏季主导风向形成垂直关系，以促进室内空气的流通。

2. 选择房屋的间距

当建筑按照前后排列的方式布置时，为了确保后排建筑的良好通风效果，前后排建筑之间的距离应保持在 4～5 倍的前排建筑高度。然而，这一距离在实际操作中往往难以实现。因此，设计者通常会将建筑布置在与夏季主导风向形成 30° ～60° 的倾斜角度方向上，这样的布局可以使风在两栋建筑之间流通，从而形成穿堂风效果，进而使建筑间距缩小至 1.5 倍的建筑高度。

3. 选择适当的建筑排列方式

当建筑数量很多时，排列方式对建筑群内的通风影响很大。在夏季，风应该能顺畅地进入建筑群。而在严寒地区，建筑排列则应采取减少冬季寒风侵袭的方式。

（三）环境保护与安全

环境污染包括大气污染、水污染、土壤污染、生物污染、热污染、光污染和噪声干扰等，它们都将给人的生产和生活带来危害，影响人的健康。安全问题包括防火、防爆、防地震、防洪和防盗等，其中尤以防火和防爆为主。这些问题在建筑外部空间设计中都应妥善解决。

1. 合理布局

污染源、易燃易爆的建筑应布置在全年主导风的下风向，废水排放应在水流的下游，并对它们做相应的卫生处理或防护处理。较大的振动源和噪声源与其他地段要隔离，其防护距离应遵守有关的设计规范。当地段上有高压线穿过时，必须按规范规定设置防护走廊。

2. 设置防护绿带

在污染源、振动源、噪声源与其他地段之间宜设置防护绿带。这些防护绿带最好能与地段的景观设计结合起来。在易发生火灾的地段，不应栽种易燃树木。

3. 遵守防火规范有关规定

在安全层面上，为了防止发生火灾时火势的蔓延，并确保疏散和消防所需的场地空间，建筑物之间应保持一定的防火间距。此外，街区内的道路设计还应对消防车的通行能力进行综合考虑。两道路中心线之间的距离不应超过 160 米，以保障在紧急情况下消防车辆能够迅速到达。对于大型公共建筑，如超过 3000 个座席的体育馆、超过2000个座席的会堂以及占地面积超过3000平方米的展览馆等，应设置环形消防车道。这些车道的宽度不应小于3.5米，净高则不应小于4米，以适应消防车的通行需求。同时，当建筑拥有封闭内院时，如果其短边长度超过24米，则应设置能够通向内院的消防车道。此外，沿街的建筑应考虑设置连通街道和内院的人行通道。这些通道（如利用楼梯间）的设置间距不应超过80米，以确保行人在紧急情况下能够迅速疏散。这些设计措施不仅考虑了建筑的适用性，更加保障了人们的生命安全。总的来说，科学的建筑规划和合理的设计是确保建筑物安全、高效运行的关键。

三、城市公共建筑外部场地环境设计

城市公共建筑的外部场地是指位于城市公共建筑周围的开放空间，这些空间通常为市民提供休闲、娱乐和社交的场所。这些场地的设计和布局通常会考虑城市的整体规划和功能需求，以确保它们能够满足不同人群的需求，并且与周围的环境和建筑风格相协调。

（一）城市公共建筑外部场地分类

1. 按功能分类

（1）有明确使用功能的场地

①交通性场地，包括车站、码头、影剧院、体育馆前人流和车流的集散场地，以及机动车、非机动车的停车场地。

②活动性场地，包括商业活动场地、休息活动场地、观赏活动场地等。

（2）无明确使用功能的场地

因为日照、通风、安全、环境保护或其他原因所设置的场地，如汽车站前集散场地。

2. 按形式分类

（1）规整场地

规整场地包括正方形、长方形、梯形、正多边形、圆形和椭圆形场地等。正方形有很强的肯定性，简洁明了。设计者可以在正方形场地的对角线交点上布置雕塑、喷泉和旗杆等，容易取得画龙点睛的效果。长方形场地开口位置很重要。

开口位置不同，会形成完全不同的空间气氛。梯形场地只有一条主轴线，所以，主体建筑常位于这条轴线的两端。

（2）不规则场地

这种场地在设计时要避免杂乱。

3. 按使用性质分类

（1）集散场地

在建筑设计领域，基于某些建筑物的使用性质和功能，设计者在设计时必须考虑人流和车流的集散问题。尤其在人流量和车流量密集，交通组织较为复杂的场景下，建筑物前方需要有足够的空间来满足人流和车流的汇集和疏散需求。这样的空间被定义为“集散场地”，如长沙铁路客运站广场，南北 259 米，东西 138 米，根据流线要求，中间用 2 条绿化带将广场分为南、北、中 3 个部分，中部广场供迎宾、集会和停靠小汽车使用，北部广场为出租汽车停靠和出站旅客疏散广场，南部广场可供团体机动车辆停靠。此外，行李房前还有行李广场和公共汽车停靠作业场。在整个广场上，人车分流，停车分区，流线清晰。

（2）活动场地

活动场地能够为人们创造良好的室外生活环境，供人们休息、社交或儿童游戏等，同时给外部空间增添了多变的色彩。例如，日内瓦旧城彼隆古堡小广场，位于旧城中心区和商业街过渡地带，宽 50 多米，深 20 多米，垂直高差达 4 米以上。车流从广场的一侧通过，保持了广场完整、安静的环境。在垂直方向上，广场通过圆形台阶平台交错组合来解决人流交通，同时配以不同高度的圆形树池、平台、雕塑，丰富了广场室外空间和环境艺术。

（3）停车场地

停车场地包括汽车停车场和自行车停车场。在建筑设计过程中，设计者应根据总体布局合理安排停车场。停车场的位置要求靠近出入口，但要防止影响建筑物前面的交通和美观。停车场一般设在主体建筑的一侧或后面。根据我国实际情况，在各类建筑布局中都应考虑设置自行车停放场。它的布置主要考虑使用方便，避免与其他车辆的交叉和干扰，因此，多选择顺应人流来向，靠近建筑附近的位置。

（二）城市公共建筑外部场地设计

1. 面积的确定

场地面积取决于功能、观赏和客观条件等要求。为了节约用地，场地面积一般不宜过大。

（1）根据功能要求确定面积

停车场可以根据停车泊位数来估算。机动车一般以小汽车为标准换算当量（辆），非机动车以自行车为标准换算当量（辆）。基地内的停车场泊位数应满足城市规划的要求，并符合有关规范的规定。每个停车泊位包括进、出通道所占用的面积，可按下列数字估算：小汽车停车场每平方米停 0.025～0.033 辆，大客车停车场每平方米停 0.014～0.02 辆，公共自行车停车场每平方米停 4～6 辆，单位用自行车停车场每平方米停 3～5 辆。疏散场地的面积应根据集散的人流量和许可的疏散时间，通过计算来确定，并符合有关建筑设计规范的要求。各种活动场地的面积应根据活动的内容、所需的设施、专用场地，以及人流量、车流量来确定，如小区级的集贸市场，建筑面积为 500～1000 平方米，用地面积为 800～1500 平方米。

（2）根据观赏要求确定面积

为了保证对建筑物或某种景观有良好的观赏效果，设计者应根据人的水平视角和竖直视角来设置最佳的观赏位置，这无疑在一定程度上影响了场地面积的确定。

（3）根据客观条件确定面积

例如，在自然条件方面有气候、地形、地貌、地质、水体和原有植被状况等，在人文条件方面有历史条件、风俗习惯、原有建筑状况、城市规划要求和文物保护要求等，都在一定程度上影响了场地面积的确定。

2. 功能分区与布局

功能分区与布局是场地设计的重点，其主要任务是安排各种功能的空间领域。空间领域可分为人的领域和交通工具领域两大类，两类领域应相互隔离。人的领域可分为运动用空间和停滞用空间两类。运动用空间供人散步、游乐和体育锻炼，停滞用空间供人静坐、眺望景色和交谈等。各种使用空间都有独属的要求，设计者应予满足。另外，设计者应处理好它们之间闹与静、清洁与污染等关系。

3. 建筑布置与流线组织

建筑应与场地有机地结合在一起，如文化气氛浓厚的场地周围宜布置图书馆和展览馆，和商业场地周围应布置各类商店和饮食店，交通建筑前应有集散场地和停车场，住宅区内应有小孩和老人的娱乐休息场所。场地内的交通组织包括车行系统和人行系统，其设计对整体设计效果具有重要影响。交通流线要安全和方便，人流和车流最好分开，并与城市的交通系统妥善衔接。交通流线是实现场地和建筑功能的重要保证。

4. 比例与尺度

场地的比例，包括长、宽、高的比例，以及各组成部分的比例，取决于很多因素。从场地的长与宽之比来看，场地一般不应太狭长，长与宽之比宜小于 3。从场地宽度与建筑高度之比来看，如果建筑的高度为 H，两座建筑之间的距离为 D，当 D/H=1 时，两幢建筑之间有稳定的联系；当 D/H<1 时，人会感到两幢建筑相互干涉，人的注意力会转移到建筑的细部；当 D/H 值更小时，人会感到空间逼仄；当 D/H>1 时，空间变得舒展，但如果空间过大，则建筑便有疏远感。所以，对于大多数场地，D/H 常取 1～3。

外部空间的尺度与室内空间的尺度有差别。一般来说，同样大小的物体，在室外看起来比室内小一些。所以，设计者在做场地设计时，各类物体的尺度要（比室内）进行适当调整。另外，近观和远观、静观和动观，尺度要求也不尽相同，一般前者要小一些，后者要大一些。

5. 道路与管网

道路系统应安全、方便。根据场地性质不同，有的道路要求短捷、通畅，有的道路则要对外通而不畅，避免过境车辆穿行。消防通道的设置要满足防火规范的要求。在地震烈度超过 6 度的地区，道路系统应考虑防灾、救灾要求。机动车停车场要有足够的面积，并停放整齐，少量的车也可在路边或场地指定的位置上停放。每个自行车停车位的面积约为 0.6 米 ×2 米，与通道垂直或斜列陈放，通道宽为 1.2～2 米。主要道路至少有 2 个出入口，一般不设尽端道路，当需要设尽端道路时，应设回车场。车行道路宽度一般以车道为单位来衡量。一条小型汽车的车道宽度为 3～3.2 米，一条载重车或公共汽车的车道宽度为 3.5～3.7 米，消防车道至少宽 3.5 米。考虑人车混流，单车道路面宽度为 3.5～5 米，双车道路面宽为6.5～7米。人行道一般布置在车行道两侧，也可布置在车行道一侧。道路边缘至建构筑物之间的距离不能太小。道路交叉口应设圆弧形边缘，以满足车辆转弯的需要。一般小型汽车最小转弯半径为6米，载重汽车最小转弯半径为9米。在道路转弯处要留出不小于25米的会车视距，以便司机看清驶来的车辆，在此范围内不应有障碍物遮挡司机视线。

在道路红线（即限制建筑物的控制线）范围内，常要布置各种管线，包括给水、排水、电气、燃气和通信等，它们都有自己的技术要求。建筑设计者应与有关技术人员配合，完成管线综合布置的任务。

四、城市公共建筑外部环境的绿化与美化

（一）绿化的功能

绿化可以遮阳隔热、防御风沙、隔声减噪、保护环境，还具有美化环境的作用。

1. 心理功能

绿色，象征青春、活力和希望，对人的神经系统具有调节作用。当人们处于绿色的环境中，人们可以得到放松，心情变得平静。人们出于审美和放松的需求，希望自己的生活处处充满植物。

2. 生态功能

建筑空间借助绿化植物能够营造出有益于人体健康的生态环境。植物能制造新鲜氧气和净化空气，还可以调节温度和湿度，吸收和隔离空气中的污染，夏季可降温增湿、隔热遮阳，冬季可增温减湿、避风祛寒。

3. 物理功能

（1）划分空间

设计者可以将绿化作为篱笆，对平面和空间进行分割。在外部空间设计中，设计者利用绿化遮蔽视线和划分空间，是较为理想的手法之一。

（2）隐丑蔽乱

在城市重要地段或新建筑区内，有时不可避免地存在一些影响建筑群环境的建筑物、构筑物或其他不协调的场所等，如果用绿化将这些场所加以隔离或遮蔽，则可以获得化丑为美的效果。

（3）遮阳隔热

在建筑设计中，设计者常用紫藤、葡萄或其他藤萝植物攀缘墙面、阳台。这些植物的巧妙运用不仅可以增强建筑物的美感，使其与自然环境相协调，还可以增强建筑群体的空间层次感，从而进一步增添空间的生机和活力。更重要的是，这些绿色植物还有助于对建筑物外墙的热工性能进行改善，从而为人们提供更加舒适的环境。

（4）防御风袭

如果在建筑群四周或窗前栽种阔叶树木，其下配植低矮树种和灌木丛，就能减轻建筑物所受到的风压，改善建筑物所受的水平气流作用。此外，常绿树林在冬天还能阻减风雪飞扬。

（5）隔声降噪

实验表明，当声波经过植物时，借助叶面吸收、叶间多次反射和空间绕射，声能转变为动能和热能，所以，植物具有一定的减声效果。当植物长得高、密、厚时，就会愈发显现隔声降噪的效能。

（二）绿化布置的形式

绿化布置的形式有小游园、庭园绿化、屋顶绿化、竖直绿化、零星地块绿化、道路绿化，以及草地与水面绿化、防护林等。

1. 小游园的绿化

小游园常为休闲场地，有时也与某些活动场地结合起来，如儿童游乐场、老年人活动场地等。小游园的绿化布置形式主要包括：

（1）规则式

在小游园景观设计中，道路和绿地的布局通常遵循着特定的设计原则。规整的几何图形是其主要特征，无论是道路的走向，还是绿地的形状，都呈现出一种秩序美。树木和花卉的配置遵循着同样的规律，或以图案形式出现，或以行列式排列，呈现出一种规则式的布置。

（2）自由式

自由式的布置方式更加注重自然和自由的表达。道路不再笔直，而是蜿蜒回环；绿地形状不再受限于几何图形，而是更加自如；树木与花卉的组合也摒弃了规则，更加强调自然和随性的美。

（3）混合式

混合式布置则是规则和自由的完美结合。在同一个小游园中，观赏者既可以看到规则的布局，也能感受自由的氛围。

2. 庭园绿化

庭园绿化不仅是一种视觉上的享受，还具备多种实用功能。例如，它可以有效地分隔空间、减弱视线干扰、减少噪声的干扰等。更为重要的是，它让身处其间的人们能够得到放松和安宁。

（1）小园

“小园”指的是在建筑群体组合中形成的天井或有着较小面积的院落。对于这样的空间，绿化的设计既要美化环境，又要确保不对建筑内部的采光和通风造成影响。小园的位置灵活多变，可以位于厅室的周边，也可以位于走廊的端点或转折处，这样的布局不仅能使室内外空间相互交融，也有利于形成“对景”，从而更好地吸引人们的视线。在小园的绿化设计中，设计者应综合考虑庭园的规模、形制以及在建筑群中的地位等因素。同时，设计者可以结合其他建筑小品如雕塑、水池、假山等，对小园进行布置。这样的设计不仅能增强庭园的艺术性，还能为人们提供一个宜人的休闲环境。例如，杭州“山外山”小园框景，在面向入口处采用扇形景窗的框景手法，不仅使入口的咫尺空间扩大开来，还通过框景将小园的组景映入眼帘，构成了一幅生动的画面。

（2）庭园

相较于小园而言，庭园的规模要更大一些。当庭园较大时，设计者可以在其中布局小园，从而构建出园中园的景致。然而，这样的设计要注重主次之分，全园组景的焦点应该是其中主庭的绿化，其布置可以以山石、院墙、绿化带和水景的融入为特点，如此能够勾勒出宽敞且深远的景观空间。例如，广州铁路客站庭园布置了灌木和花草，配置了一个水池景观，添上曲折的小桥，给庭园增添了生气，不仅美化了空间环境，还给旅客休息提供了幽静、怡人的场所，深受旅客欢迎。

（3）庭院

相较于庭园，庭院的规模更大一些，其覆盖的范围也更加广泛。在庭院内部，设计者可以通过合理的布局进行绿化的组织。通常情况下，庭院的每组绿化元素在树种、树形、草坪、花种等的设计上均有独特之处，还可巧妙地结合建筑小品，形成各具特色的景致园区。

3. 屋顶绿化

随着建筑工业化的发展，建筑物屋顶结构广泛采用了平屋顶形式。为了充分利用屋顶空间，给人们创造更多的室外活动场所，对于炎热地区，出于屋顶隔热的考虑，设计者可以在屋顶布置绿化，并配以建筑小品而形成屋顶花园。

屋顶绿化的布置形式一般有以下几种：

（1）整片式

整片式也就是平屋顶几乎被绿化植物所覆盖。这种设计不仅具备生态功能，还为观赏提供了绝佳的视角。其作用不仅是保护环境、美化城市和调节气候，还能有效地提高屋顶的隔热性能，为建筑内部创造更为舒适的环境。

（2）周边式

周边式是指将绿化花坛沿平屋顶四周修筑，而中间的部分则被设计为室外活动和休息的区域，供人们进行各种户外活动。

（3）自由式

在平屋顶上，设计者还可以将各种绿化盆栽或花坛自由地点缀其中。这些绿化元素的高低错落、组合多变，既增添了屋顶花园的多样性，又为活动场地的使用提供了便利。

高层建筑的屋顶同样可以布置屋顶绿化。这样的设计不仅能为在高层建筑中工作和生活的人们提供亲近大自然的机会，还可为其提供室外活动空间。

为了美化环境，绿化还应与水体、建筑小品和地面铺装等很好地结合起来。

（三）建筑小品

建筑小品作为建筑群内部空间和外部空间的重要组成部分，指的是那些功能明确、体积较小、设计独特且富有文化意涵的建筑构件。建筑小品兼具美学价值和实用价值，与周围环境完美地融合在一起，形成了一系列让人赏心悦目的景观，并展现出深远的意境。

1. 建筑小品的种类

建筑小品的种类甚多，根据功能特点，它们可以被归纳为以下几大类：

（1）城市家具

在城市建筑群外部空间中，城市家具，特别是公共桌椅等，扮演着不可或缺的角色。它们不仅是市民散步、休憩时的便利设施，更在一定程度上美化了城市景观。设计者需要根据外部空间的特性布置相应的城市家具，力求实现和谐统一，同时要兼顾其他建筑小品和绿化配置，共同营造出独特的景观氛围。

（2）种植容器

种植容器是一种箱体，主要用来盛放各种观赏植物，种植容器作为外部环境设计中常用的元素，以其多变的形态和灵活的布置，为建筑室外空间增添了生动的景观元素，并在空间划分上发挥了独特作用。

容器的材质选择至关重要，通常需要采用有较强抗损能力的硬质材料，如混凝土、砖等，以适应不同环境需求。大型花池、树池等可直接与自然地面接触，不配置种植容器；而在封闭环境或室内空间中，则应选用陶瓷或防锈金属材质所制作的容器盛放观赏植物。

（3）绿地灯具

绿地灯具是建筑群外部空间中的一个重要的装饰元素。与街道广场的高亮度路灯相比，绿地灯具更注重营造舒适宜人的局部照明效果，常用于庭院、花园、绿地等区域，兼具照明和装饰功能。绿地灯具在白天可以是景观的装饰，在夜晚能发射柔和的光线，从而营造出典雅的氛围。

（4）污物储筒

污物储筒包括果皮箱和垃圾箱等。这类设施的存在对于保障公共卫生环境具有决定性作用，并直接关联人们日常的生活、娱乐和消费活动。在设计这类设施时，设计者应充分考虑清除频率、场所规模和人口密度等因素，以确定污物储筒的布局和数量。同时，污物储筒的造型设计应简洁，便于日常的清洁和维护。

（5）环境标志

环境标志作为信息传递的关键手段，在建筑群外部空间设计中具有举足轻重的地位。环境标志有许多种类，包括告示、导向和实物简介。为确保信息传递的准确性和有效性，环境标志在设计上需要采用简洁且有较强概括性的文字和醒目的图案等。

（6）围栏护柱

围栏作为分隔空间的重要元素，不仅可以成为特定区域的进出障碍，还可用来围护花坛和划分空间区域。在色彩选择上，围栏护柱应避免过于灰暗或过于艳丽的设计，最好选择白色，因为白色能够与各种颜色和谐共存，还可以与绿化相映成趣，营造出整洁宜人的景观。

护柱对于分隔区域和限制游人、车流具有重要作用。护柱的设计应具有一定的灵活性，以便于未来的迁移和调整。具有简洁造型和合理布局的护柱，可以使建筑群外部环境更具特色和活力。

（7）小桥汀步

小桥常见于有水面的外部空间中，可以利用桥将水面的各风景点连接起来，从而构成一幅整体的水上画面；而汀步则像“浮桥”一样漂浮在水面，可以营造出独特的氛围。

（8）亭廊花架

亭廊和花架则具有空间划分和联系的功能。花架不仅可供植物攀缘或悬挂，还可根据其布置形式发挥廊或亭的功能。

除了上述提到的类型，建筑小品还包括景门、景窗、喷泉、铺地和雕塑等众多类型。在建筑群外部空间设计中，应该因地制宜，合理选择和布置这些建筑小品，如此可以为城市空间增添更多的活力和魅力。

2. 建筑小品的设计原则

建筑小品作为建筑群外部空间设计的一个组成部分，它的设计应以总体环境为依据，充分发挥建筑小品在外部空间中的作用，使整个外部空间丰富多彩，因此，建筑小品的设计应遵循以下原则：

第一，建筑小品的设置应考虑公共使用的便利性，且便于维护、清洁和管理。

第二，建筑小品的造型要与外部整体空间相得益彰，因地制宜。

第三，建筑小品的材料运用和构造处理，应根据当地气候而定，最好都做防腐蚀处理。

第四，对于批量采用的建筑小品，应综合分析其经济效益。

3. 建筑小品在外部空间中的运用

（1）利用建筑小品强调主体建筑物

在建筑艺术中，建筑小品虽体量不大，但在建筑群的整体空间布局中扮演着不可或缺的角色。这些小品以精巧的设计和实用的功能，有效地加强了建筑群体空间的层次感。同时，建筑小品可以突出主体建筑物，从而有利于整体氛围的营造。

（2）利用建筑小品满足环境功能要求

建筑小品虽非空间中的主体元素，但其具有特定的功能意义和装饰作用，是设计中不可或缺的元素。例如，仿木座凳既可以供人们坐下休息，又可以以自然的元素装点周围的环境空间；又如小园中的一组花架，在密布的攀缘植物覆盖下，提供了一个幽雅、清爽的环境，并给环境增添了生气。

（3）利用建筑小品分隔和联系空间

在建筑群的外部空间组合中，建筑小品常常被用来分隔和连接空间，这使得空间具有了更强的层次感。一堵墙或敞廊的巧妙运用可以将空间分割成不同的部分或区域。而墙上的景窗或景门的设置又能连接起各种不一样的景象，使空间之间的关系更加和谐、统一。

（4）利用建筑小品作为观赏对象

一些建筑小品因具有独特的设计和艺术价值，本身就是独立的观赏对象。通过精心的艺术加工和恰当地运用，它们能够营造出独特的艺术氛围，并具有很高的鉴赏价值。

总的来说，当选用建筑小品时，设计者应基于建筑群外部空间的类型、性质和规模等。同时，应在顺应外部自然环境的前提下，对建筑小品进行合理配置。只有这样，才能让这些建筑小品在建筑群的大环境中发挥最大的作用，为人们带来更加丰富和有深度的空间体验。

第四章　城市道路环境设计

城市道路环境设计是一项系统工程，需要多学科、多领域的合作和协调。通过科学的设计和精心的施工，可以打造出既安全、高效又美观、舒适的现代城市道路环境，提升城市的整体形象和居民的幸福感。

第一节　城市道路路面设计

随着城市的不断发展和人民生活水平的不断提升，人们对于事物的追求，不再仅仅满足于其使用功能，同时对于其“颜值”的要求也越来越高。城市道路是交通的承载体，除保证其车辆和行人通行的功能，也要求其应拥有“景观”的属性。城市道路路面设计主要包括城市道路的路面铺装、路面装饰物设计和路面无障碍设计等。

一、城市道路路面铺装设计

城市道路路面铺装具有功能多样、艺术形式多样、可用材料多样等特点，是城市道路景观设计的重要组成部分。

城市道路的路面结构自上而下主要分为面层、基层和垫层，而其中能构成人们所能欣赏的“景观”的为面层，面层的铺贴材料和铺贴形式构成了道路铺装景观。道路铺装应使用不同材质和不同颜色的物料，运用多种拼贴方式对路面进行拼铺修饰，以满足人们行车、步行、休憩和游览等行为的需求。城市道路铺装主要有下述功能：

（一）城市道路路面铺装的功能

1. 承载交通

城市道路是交通的承载体，要有良好的稳定性、抗变形能力和抗滑能力，其铺装要保证一定的强度和刚度，道路也要平整，以保证车辆的通行顺畅以及行人出行的安全和舒适，这是铺装景观基本的功能要求。

2. 图示功能

城市道路铺装可运用不同的材料、颜色和拼贴样式等对不同交通性质或不同使用功能的道路区间进行区分，如车行道和人行道的边界划分，除了可通过形成一定高差来分隔人与车，还可以通过不同的铺装来起到视觉上的提醒作用；在车行道上，各大城市目前惯用铺贴不同颜色的材料或材质来区分机动车道和非机动车道。另外，整体且有序列感的铺装设计，也可产生强烈的方向性和诱导性，可指引行人或车辆到达目的地。

3. 美化功能

城市道路通过铺装的材料、色彩、质感，以及具有美感的图案设计，营造出优美舒适的通行、停留和游憩空间，为城市增添了色彩，美化了城市形象，提升了城市品位。

（二）城市道路路面铺装的原则

1. 安全适用原则

安全适用应是城市道路建设最基本的原则，是城市道路存在的基本前提。铺装也是如此，城市道路铺装的设计旨在为人们营造一个具有安全性、便利性和舒适性的出行环境。因此，在进行铺装设计时，设计者应注意材质的选用、图案的组织和高差的处理等问题。

2. 绿色生态原则

目前，城市化进程的加快引发了一系列生态问题，如何保护好城市居民赖以生存的生态环境，已迫在眉睫。建设“绿色城市”“海绵城市”“生态之城”，是设计者正在探索的重要课题。设计者在进行城市道路铺装设计时，应坚持绿色生态原则，在保证使用功能的同时，选用地方性和透水性材料，以减少地表径流，使雨水能够渗入地下，补充地下水，并在一定程度上缓解城市热岛效应。

3. 文化艺术原则

为了充分展现城市形象，城市道路铺装设计应具有一定的艺术性，并结合周边环境，将城市的风情和风俗，以及历史文化因素考虑其中，通过这些特色性元素的融入，使城市各方面都能展现出地域特色，增加城市魅力，提升城市形象，实现对文化的传承和延续。

（三）城市道路路面铺装的要点

1. 道路铺装结构与材料

城市道路铺装通常由面层、基层和垫层三部分组成。其中，设计者所采用的材料必须满足高强度、高稳定性和长久耐用的基本要求。面层部分是道路的表面，不仅要承受车轮的压力，还要面对各种气候条件的考验。因此，它必须具备结构强度高、抗疲劳、高温稳定性、低温抗裂性、低噪声和抗水损害，以及平整、耐磨和抗滑等特性。这些特性保证了车辆行驶的平稳性和安全性，同时保障了司机行车的舒适度。基层作为道路的骨架，其强度、扩散荷载的能力，以及水稳定性和抗冻性都是不可或缺的。这些特性确保了道路在长期使用过程中能够保持结构的完整性和稳定性。垫层则位于基层之下，主要承担传递荷载和保护基层的作用，因此，其强度和水稳定性是选择材料时的重要考量因素。近年来，随着对城市道路环保和景观要求的日益提高，对材料的选择也提出了新的要求。

城市道路路面铺装材料多种多样，根据铺装材料的不同做法，主要分为整体路面材料、天然块料、人工合成材料、木材和碎料等。

（1）整体路面材料

整体路面材料主要包括水泥混凝土材料和沥青混凝土材料等。水泥混凝土是指用水泥作胶凝材料，砂、石作基料，与水（可含外加剂和掺合料）按一定比例，经搅拌而得的一种混合料。

沥青混凝土是一种人工合成的混合矿料，由碎石、轧碎砾石、石屑或砂、矿粉和路用沥青材料按照一定比例混合而成。该类材料具有强度高、稳定性好、耐久性好、抗滑性能好等特点，尤其沥青混凝土还具有噪声小、不易扬尘等特点。因此，该类材料主要运用于车行道、停车场或者某些人流相对集中的场所。

（2）天然块料

天然块料主要为天然的石材，主要有花岗岩、大理石、青石板等，在城市道路建设中多能见到天然石材。天然石材具有美观的纹理，通过加工，可留下石材表现的火烧、条纹等自然面效果，还可形成荔枝面、剁斧面、拉丝面、蘑菇面和酸洗面等面层效果。天然石材作为铺装材料，可使路面更加坚固、耐用、美观和高档，但整体造价非常高，因此，该类材料主要应用于广场和部分重要道路的人行道中。

（3）人工合成材料

应用于道路铺装的人工合成材料主要包括烧结砖、广场砖、透水砖、水泥地砖、水磨石地砖和人造花岗岩等。这类铺装材料具有坚固、平稳、便于行走、色彩和图案丰富等特点，与天然石材相比，其价格更加低廉，可广泛运用于城市人行道、广场或通行轻型车辆的地段。

（4）木材

在铺装材料中，木材主要有原木和塑木两种。原木地板和塑木地板主要运用于城市道路中的一些特殊地段，如木栈道、广场局部、路边观景平台或休憩区域等。原木地板质感独特，生态舒适，易与自然环境相协调。木塑是近年来兴起的一类新型复合材料，由于木塑复合材料内含塑料，具有较好的弹性。另外，木塑材料具有防水、防潮、防虫、防白蚁、安装简单、不易变形和可塑性强等优点，与原木材料相比，更适宜作为户外铺装材料。

（5）碎料

碎料主要应用于各种游憩、散步的小路，或作为装饰图案镶嵌在街道或广场铺装中。将各种碎石、瓦片、水洗石和卵石等碎料拼在一起，既经济又富有装饰性。

2. 车道的铺装

城市道路车行道铺装面层类型的选用要考虑道路的类型和等级。在设计中，设计者还应针对不同性质、功能的场所选用相应的铺面类型。车行道路面铺装直接面临阳光、冰冻和雨雪等自然环境的影响，以及车辆车轮的作用，所以，它必须拥有较强的结构强度、抗水损害、抗疲劳、高温稳定性和防滑等特性。城市道路车行道路面可分为沥青路面、水泥混凝土路面和砌块路面三大类：

（1）沥青路面

沥青路面面层的类型包括沥青混合料、沥青灌入式和沥青表面处治等。其中，各种交通等级的道路都可以使用沥青混合料，而中、轻交通道路适宜选用沥青灌入式和沥青表面处治路面。沥青混凝土路面行车舒适度比较高，但其易受温度变化影响。

（2）水泥混凝土路面

水泥混凝土路面面层包括普通混凝土和钢筋混凝土等多种类型。基于它们具有较大的刚度、较强的扩散荷载能力和较强的稳定性等特点，适用于各交通等级的道路。然而，它们存在接缝多、噪声大等缺点，对行车的舒适性有一定影响。

（3）砌块路面

砌块路面适用于支路、广场和停车场。天然石材路面和混凝土预制块路面是常用于城市道路路面铺装的砌块路面。天然石材包括规则板材和碎拼板材，规则板材有条石、块石、小方石和拳石等，其中，条石是使用率最高的；混凝土预制砌块包括普通型混凝土和连锁型混凝土砌块。砌块路面面层的适宜厚度，如表4-1-1所示：

表 4-1-1　砌块路面面层的适宜厚度

项目	类型			
	普通型混凝土	连锁型混凝土砌块		石材
	支路、广场、停车场	大型停车场	支路、广场、小型停车场	支路、广场、停车场
砌块厚度	≥ 80（毫米）	≥ 100（毫米）	≥ 80（毫米）	≥ 80（毫米）

3. 人行道的铺装

人行道的铺面应满足稳定、抗滑、平整、生态环保和城市景观的要求，其设计应具有实用性、经济性、美观性和耐久性。

（1）人行道的铺装结构

人行道铺面结构一般由面层、整平层、基层和垫层等组成。其结构设计主要考虑行人的荷载作用，故应按使用功能要求确定结构组合和各结构层厚度，达到整体强度和稳定性。各结构层的适宜厚度，如表4-1-2所示：

表 4-1-2　各结构层的适宜厚度

项目	结构层类型	适宜厚度（毫米）	
		无车辆荷载	有车辆荷载
面层	水泥混凝土预制砖（板）	50～60	≥ 80
	透水砖	60	≥ 80
	现浇水泥混凝土	100～150	≥ 200

续表

项目	结构层类型	适宜厚度（毫米）	
		无车辆荷载	有车辆荷载
面层	石板材	≥ 30	≥ 60
	广场砖	≥ 15	不宜使用
	沥青混凝土	≥ 40	≥ 50
整平层	水泥砂浆	20～30	20～30
	中、粗砂	20～30	20～30
柔性基层	级配碎石	100～200	不得使用
刚性基层	水泥混凝土	100～150	150～220
半刚性基层	水泥稳定碎石	100～200	200～300
	透水性水泥稳定碎石	150～250	250～350
垫层	级配碎石、砂砾石等	100～150	100～200
	矿渣、路面旧料等	100～180	100～200

（2）常用的铺装材料

在特定的温度下，充分混合颜料、脱色沥青、填料和集料等，即可配制成彩色沥青混凝土。之后，对其进行摊铺和碾压，即可制作出彩色沥青混凝土路面。该路面具有良好的路用性能，稳定性高、抗水损坏性强、耐久性好，且不易出现变形，色彩鲜艳持久、维护方便，具有良好的弹性和柔性，适宜行走。

彩色透水混凝土属于人造多孔材料，其内部是由一系列与外部空气相连通的多孔结构（蜂窝状）构成的，具有很强的透气性、通气性、透水能力和保水性，其容重小、强度高、耐久性高。透水性混凝土对缓解城市热岛效应、减少城市内涝的发生、补充地下水、保护城市生态平衡等方面具有重要的作用和意义。

随着“海绵城市”建设在全国范围的推广和普及，透水混凝土将逐渐代替传统普通的不透水材料，以缓解城市路面的排水压力。透水混凝土铺装还可以和蓄水池、下沉式绿地等形成雨水收集和利用系统，充分利用雨水资源美化环境，保持生态平衡。

彩色沥青混凝土和彩色透水混凝土可用于自行车道或慢跑道、步行街、广场等地，以区分道路的使用功能，也可改变路面单一的色调，通过专用的模具在地面上压制，使地面永久呈现各种图案色泽，以达到美化城市的目的；又可用于人行横道、十字路口及事故多发地段，以达到提示和警醒的作用，保护人们的生命安全。

花岗岩砖由天然花岗岩经加工而成。花岗岩是常用的装饰石材之一，具有品种丰富、颜色多样，且质地坚硬、经久耐用、抗污能力强、易维护等特点，但其成本较高，因此，天然的花岗岩板主要应用于城市部分重要路段和广场等处。

在城市道路建设资金有限的情况下，可使用仿花岗岩砖代替天然花岗岩砖。仿花岗岩砖是以高质量水泥、天然花岗岩石、大理石或方解石、白云石、天然碎石粒为粗细骨料，经配制、搅拌、加压蒸养、磨光和抛光后制成的；在制作过程中还可加入颜料等，制作成彩色仿花岗岩砖。

仿花岗岩具有天然花岗岩的质感和色调，可替代天然花岗岩用于人行道的铺装工程。花岗岩砖平面尺寸常按 300 毫米模数控制，用于人行道铺装的常用平面尺寸为 600 毫米 ×300 毫米和 900 毫米 ×600 毫米。

透水砖也称为渗水砖，以矿渣废料、废陶瓷等原料，经轧制加工而成，其孔隙率在 20%～25%，是一种新型户外地面铺装材料。其透水性主要通过材料本身具有多孔性的透水结构，以及砖与砖之间接缝的透水通道来实现。

透水砖具有保持地面的透水性、保湿性以及防滑、高强度、抗寒、耐风化、降噪、吸音等特点，对减少和净化地表径流、缓解城市热岛效应等具有重要意义。透水砖颜色丰富，尺寸也多样，其平面边长可按 100 毫米、150 毫米、200 毫米、250 毫米、300 毫米等进行选用。

广场砖属于耐磨砖的一种，砖体积小，多采用凹凸面的形式，具有防滑、耐磨、抗压和修补方便等特点，主要用于广场、人行道等大面积的地方，其平面规格以 100 毫米 ×100 毫米为主，也可用 100 毫米 ×200 毫米或 200 毫米 ×200 毫米等尺寸。

广场砖的色彩较多，如白色、黑色、白色带黑点、紫砂黑、红棕色、粉红和蓝色等。根据城市道路的铺装设计要求，设计者选用不同规格、色彩的广场砖，可以拼贴组合出多种多样的图案。

水泥混凝土预制砖是将干硬混凝土通过挤压、振动等方法在专用模具中成型后的混凝土砌块，按成品颜色可分为彩色和素色两种，常用平面规格有 250 毫米 ×250 毫米、300 毫米 ×300 毫米等。

木地板和塑木地板具有自然质感，户外常用木地板规格为 30 毫米 ×100 毫米、30 毫米 ×120 毫米、45 毫米 ×95 毫米、45 毫米 ×120 毫米、50 毫米 ×150 毫米等。当进行木地板和塑木地板施工时，要在平整地面上安装龙骨，每根龙骨的间距为 30～50 毫米，另外，地板之间要留 5 毫米左右的伸缩缝，防止热胀冷缩导致地板变形。

卵石为一种天然的石材，是岩石经自然风化、水流冲击和摩擦所形成的表面光滑的卵形、圆形或椭圆形的石块。它质地坚硬，色泽鲜明、古朴，具有抗压、耐磨耐腐蚀的特性。卵石主要应用于花园小径的铺贴，在城市道路中主要作为装饰性材料，用以拼贴图案图形或作为大面积铺装的分隔带或边界。

水洗石是选用天然的河、海卵石或砾石与水泥按一定比例搅拌并涂抹在基层上，用负重工具压平后，再处理表面黏合物，露出石子原貌的一种装饰做法。由于原材料有颜色且形状丰富，可以装饰出丰富的形状和图案。水洗石路面施工流程主要有基层施工、基层表面清理并找平、砾石与水泥搅拌、打底、涂抹、固化、洗去表面黏合物、涂抹保护剂。

二、城市道路路面修饰物设计

路面修饰景观主要包括车挡石、路缘石、树池篦子和检查井盖等。

（一）车挡石

车挡石又称为隔离墩，是交通设施的一种，主要设置在城市道路安装信号灯的路口、车站、码头、地铁、天桥和大型公共场所的出入口及周围相连的道路上，以及城市道路有商业路段、路口等地方，能起到分隔保护的作用。其主要材质有混凝土、石材、玻璃钢和塑料等。

（二）路缘石

路缘石是指设置在城市道路的分隔带与路面之间、公路的中央分隔带边缘、人行道与路面之间、行车道右侧边缘或路肩外侧边缘的标石，也称为道牙，起着导向、连接和便于排水的作用。路缘石可分为立缘石和平缘石。其中，立缘石主要设置在道路两侧分隔带、中央分隔带和路侧带等地；平缘石主要设置在有无障碍要求的路口，以及人行道与绿化带之间。

城市道路路缘石可根据道路等级、周边环境等条件采用花岗岩、青条石和预制混凝土路缘石，也可采用花岗岩贴面处理。设计者应根据道路面层和路缘石基础确定路缘石的尺寸，在直线地段，路缘石的长度宜使用900毫米，曲线地段路缘石长度宜使用450毫米；为保证路缘石的稳定性，路缘石应有足够的深度，宽度应不低于150毫米。缘石应比路面边缘高，在禁止车辆驶上人行道的情况下，缘石高度一般为200毫米，在允许车辆上人行道的情况下，缘石高度一般为50～80毫米。

（三）树池篦子

树池篦子是一种有孔的盖板，俗称为护树板、树池盖板和树围子，被广泛地应用于城市道路、公园等两旁的树坑等场所。树池篦子的颜色、材质（如玻璃钢、铸铁、混凝土、石材、树脂、不锈钢等）、式样丰富，可满足不同的设计需求。使用树池篦子可以保护树木根部不被踩踏，并可减少水分蒸发和水土流失。树池篦子可使树坑或树池与人行道地面的高度一致，消除行人在行走时被树池绊倒的风险，同时可以美化城市环境，提升城市文化品位。

（四）检查井盖

检查井盖是用于检查井口的封闭物，井盖可开启，便于地下设施的检修和维护。在人行道上，检查井盖的设计应着重考虑防盗和良好的承重性能。在景观等区域，最好选用隐形检查井盖，这样可以不破坏整体的景观。检查井盖的制作材料丰富，有灰口铸铁、铸铁球墨、再生树脂复合材料、聚合物基复合材料和钢纤维增强混凝土等。

三、城市道路路面无障碍设计

城市道路在建设时，要进行无障碍设计，以确保有需求的人（如残障人等）能够方便且安全地使用各种设施，提升人们的生活质量。无障碍设计还应符合国家现行的有关规定。

城市道路路面设计中的无障碍设计主要涉及的内容有盲道设计、轮椅坡道的坡面材质选择、无障碍楼梯和台阶踢面和踏面的设计，以及地面无障碍标识系统的设计等。

（一）盲道设计

盲道是一种铺设在人行道或其他场所的形态固定的地面砖，视觉障碍者用盲杖触盲道或用脚感可以前行和辨别方向。盲道主要分为行进盲道和提示盲道两种。行进盲道具有条状形的表面，旨在帮助视觉障碍者直接向正前方行走，不用频繁改变方向。提示盲道具有呈圆点形的表面，主要提醒视觉障碍者注意前方的情况，盲道的起点、拐弯处、终点和表示服务设施的位置等通常会设置提示盲道。目前，我国以 250 毫米 ×250 毫米的成品盲道构件居多。一般不需要将盲道设置在宽度 2 米及以下的人行道中，但要在转弯处、缘石坡道的起终点以及其他有变化处设置提示盲道，为视觉障碍者提供必要的方向指引和安全警示。盲道的颜色一般情况下应按照《无障碍设计规范》中的要求，采用中黄色，因为中黄色比较明亮，更易被发现。如果为了整体景观色彩的协调一致性，则盲道可以采用与人行道相近或一致的色彩。

（二）轮椅坡道设计

为了使乘轮椅者能够行驶顺畅，在选用坡面的材质时，设计者应选用平整、防滑且无反光的材质，切不可为了防滑而在坡面增设防滑条或者将坡面做成可能磕脚的形式，这会使轮椅在行进过程中产生颠簸，乘轮椅者容易因此发生危险。

（三）无障碍楼梯和台阶踢面和踏面的设计

根据相关规定，在设计无障碍楼梯和台阶时，设计者需要将提示盲道设置在距离踏步的起点和终点 250～300 毫米处，以提示视觉障碍者所在位置接近于有高差变化的地方；楼梯踏步的踏面和梯面的颜色宜有区分和对比，以引起使用者的警觉并利于弱视者辨别；由于雨天或冬季地面容易湿滑，楼梯或台阶处易发生危险，因此，楼梯和台阶的踏面应选用平整防滑的材质或在踏面前缘宜设防滑条；为防止人们在楼梯和台阶处踏空或摔倒，楼梯和台阶上行及下行的第一阶的颜色或者材质应该明显区别于平台，从而提示人们注意此处的高差变化，防止出现踩空、摔倒或者磕碰等情况。

（四）路面无障碍标识系统的设计

在进行城市道路路面设计时，设计者应在无障碍通道、停车位等处设置一定的路面标志，该标志应与城市其他无障碍标志牌协调，共同构成城市无障碍标识系统。路面通用的无障碍标志，其图形的大小应与观看的距离相协调，规格主要为 100 毫米 ×100 毫米到 400 毫米 ×400 毫米之间。为了清晰醒目，国家现行的相关规定要求采用两种有着强烈对比的颜色，如黑色和白色。同时，轮椅的朝向应与指引通行有一致的走向。

第二节　城市道路节点设计

道路节点是城市道路网络的重要组成部分，也是城市道路交通的瓶颈部位。下面重点介绍城市道路交叉口、路桥、人行天桥和城市步行街的景观设计：

一、城市道路交叉口景观设计

城市道路交叉口景观设计在城市中具有组织交通流线、优化人居环境、疏散人群和视觉标识引导的作用。道路交叉口往往是人车汇集、交通流线相对复杂的地方，是交通的咽喉。交叉口景观一般设计在岔路口车速较缓且具有一定人流量的位置。一般情况下，交叉口会采用喷泉、雕塑、花坛绿植和桥梁作为地标，这些地标具有观赏价值，也能加强人们对景观的印象。优秀的道路交叉口景观可以使城市交通的格局空间更加立体化，能达到突出地区特点和增添城市魅力的效果。

（一）设计原则

1. 安全性与生态性

道路交叉口的景观设计首先应遵循安全优先的原则。道路交叉口作为城市中交通流线最为复杂的地块之一，其景观设计应充分考虑机动车、非机动车和行人的流线设计，把握好景观绿化与城市交通之间的关系，从而以优质的园林绿化效果点缀和丰富城市的道路景观。

交叉口景观设计的安全性应考虑行车视线的要求。在道路交叉口的视距三角形范围内和弯道内侧的特定区域，要保证任何植被都不能影响驾驶员的视线通透性，这是为了保障行车视距的清晰。此外，为了有效预告道路线形的变化和引导司机的行车视线，应该将灌木整齐连续地栽植于弯道外侧的边缘处。对于部分交叉口景观设计还应考虑行车净空要求，在各种道路设计中，必须预留一定宽度和高度的空间，以确保车辆的正常运行，部分交叉口应考虑绿化植被的分枝点和树下净高空间，使植被不得进入通行空间。

全世界人们的环境保护意识不断增强，人们也应该将生态理念用于道路交叉口的具体设计中。生态理念不能简单地理解为提高绿化植被覆盖率，更重要的是要求人们在营建道路交叉口景观类型时要保护自然、顺应自然规律，以及提高自然资源利用效率。这样的设计理念旨在实现人与自然和谐共生，推动可持续发展。

2. 功能性与景观性

交叉口景观设计应明确定位，满足功能。根据交叉口类型的不同，交叉口的景观设计应当有针对性地分析某一项目具体功能需求，了解其在城市道路系统中和在城市环境中的具体定位，兼顾道路景观的交通使用和环境美化功能。除了组织交通流线、疏散人群的功能，道路交叉口作为多重交通汇集区域，其景观设计还应具有优化人居环境和视觉标识引导的作用。交叉口景观可以讲述其所在城市的发展脉络，再现城市历史文化，宣扬城市特色。人们对道路交叉口景观的感知构成了道路景观的整体形象，除了宽敞的道路、高大的建筑物，色彩各异的广告牌、指示牌，以及具有地方特色的绿化、小品、设施等都是城市道路景观的重要组成部分。

3. 整体性与区域性

在设计城市道路时，设计者需要从城市整体规划的角度出发，使道路景观设计与城市形象和个性相协调。在道路交叉口景观规划设计中，设计者应注意与道路景观的整体和谐和个性表达。设计者应将交叉口处绿化景观与道路周边构筑物、设施，以及地形、地貌、生态特征等进行统一规划和整合。只有这样，才能确保人工景观与自然景观之间的和谐共生。我国地大物博，不同地区有着独特的地形地貌特征、气候气象特征、植被覆盖特征等。同时，不同地区的文化传统、审美理念和风俗习惯也是不同的。因此，在道路景观的规划与设计中，设计者应充分考虑这些因素，从而形成各具特色的道路景观。这样不仅能体现地方文化，也能满足不同地区居民的审美需求。

4. 持续性与动态性

道路交叉口景观建设必须注重持续维护和利用沿线生态资源、人文景观和自然景观。设计者应在考虑地块的发展演替趋势，以及人类的生活和生存空间的基础上，从时、空两个维度出发，综合考虑沿线景观资源的建设。

（二）设计内容

1. 确定车道数及布局方式

交叉口景观设计应根据设计年限的高峰小时交通量，以及不同行驶方向的交通组成，进行交通组织设计，由此初步确定车道数和交叉口形式。设计者根据车道数和交叉形式，初步确定交叉口景观的基本布局方式。为了更好地发挥交叉口的通行导向能力，同时考虑原道路改建用地条件，交叉口车道数一般比路段部分多 1～2 条。对于一般 2～4 条的道路交叉口，景观布局形式相对简单，多采用“T”形或十字形等平面交叉形式；而当交会道路达到 5 条甚至更多时，道路交叉口一般采用环岛布局或立体式交叉。对于环岛交叉口的景观设计，设计者还应注意环岛和交通岛景观在交叉口景观中的重要地位，通过规则式或自然式景观布局手法凸显环岛的景观美学价值和交通导向功能。

2. 交叉口拓宽退让设计

当交叉口车行道宽度不足时，为提高车道通行能力，一般对道路的一侧或两侧进行拓宽，相应路段的景观用地应进行适当退让。常见的退让可选择车道的右侧绿化带，也可以结合车道间的分隔带往左侧占用对向车道宽度。

3. 交叉口渠化岛设计

对于城市干道交会等面积较大的交叉口，其景观设计可采用渠化设计，增设渠化岛。渠化岛设计是指将导流岛与路面标线相结合，达到分隔控制车流的目的。优秀的渠化岛景观设计可以达到平面交叉的各种要求，方便往来行人和车辆根据渠化岛设计按指引行进，避免交通拥堵。渠化岛的景观设计应明确其分离冲突、交通疏导和美化交叉口景观的功能定位，避免设计过于复杂的景观内容，免于对通行视线造成障碍，从而增加不必要的安全隐患。渠化岛景观设计一般注重简洁、自然，多选择具有较好耐旱、抗污染的植物种类，采用铺地花镜或疏林草地的绿化种植搭配方法，不宜选用较大体量的雕塑小品作为点缀。

4. 交叉口景观立面设计

交叉口的立面景观设计主要根据相交道路等级、交通量、道路纵坡和横断面，以及当地地形地势、自然水流向和相邻道路高程等资料进行。在满足道路交通方便、排水舒畅等基本功能要求的同时，交叉口处景观的立面设计还应尽可能地发挥景观标识导向和城市美化的作用。在设计风格上，交叉口景观立面设计强调简洁新颖和自然时尚，发挥景观布局中漏景和障景等组织手法对通行者视线的引导。

（三）设计注意事项

1. 三角形视距避让空间

平交口的绿化设计应尽力营造出视距三角形空间，同时为了保证司机视线的通透性，规定范围内种植的树木不能高于最外侧机动车车道中线处路面标高的1米。乔木容易遮挡视线，导致司机看不清路，交通岛应选用其他树木进行种植。在设计交叉路口的景观时，设计者最好利用多种形式的花卉以及草坪组成主题明确的城市景点，如市标等。

2. 立体绿化设计

立交桥绿化设计包括绿岛和桥体的绿化设计。在立体交叉中，作为有着较大绿化面积的绿岛，常常具有鲜明的景观特色。为了给人以开阔的视野，适宜采用草坪覆盖绿岛，同时为了提高绿岛的观赏价值，还可以在其中点缀一些花丛和松树等。在对立交桥进行绿化设计时，设计者可以重点关注桥体局部和桥下空间，可以将小型种植槽安装于桥体的护栏外，并栽种金银花、粉团蔷薇和爬山虎等小型藤本植物或蔓性灌木，如此可以营造出较为美观的视觉效果。

（四）典型设计案例

宁波市人民路与中山东路的交叉路口呈十字形，在宁波市的交通枢纽的位置。该交叉口所连接的两条城市干道均为市区交通要道，交叉口联系的四方车流量较大。交叉路口景观设计的主要侧重点在于拓宽视野，疏通来往车辆，营造出赏心悦目的城市环境氛围。在功能细节上，该交叉口的景观设计还需要综合考虑中心距离是否合理和各种交通信号的相互位置关系等，在设计中兼顾实用性和观赏性。

设计方案为在交叉口附近设置绿植和雕塑等景观小品，让来往的司机在等候交通信号灯的同时能缓解一下驾驶的疲劳。该交叉路口整体采用绿植和转角的岔路口作为分流车辆的屏障。另外，该交叉路口增设了四个角供行人落脚。从安全角度上，考虑行人与车辆的交错通行，把同向和对向的机动车分离开来，能够避免双向车辆直接相对，有利于进行交通分流，减少交叉路口的交通压力。在视觉角度上，扩大了交叉口的视线。

该方案在交叉口景观设计的过程中，采用分离式的交叉路口景观布局使道路空间分隔，彼此间无岔道连接。将十字交叉路口进行拓展，让道路呈多边形放射状，加大了空间格局，在空间氛围上显得立体张扬。此交叉口的景观设计是采用平交叉口绿化的方式来进行的，在设计上将规则式与图案式相结合，让交叉路口形成“米”字形的图案造型，既达到了分流车辆、疏散交通的目的，也将这一交叉路口空间变得富有生机和活力。

二、城市道路路桥景观设计

桥梁，一般为跨越山涧、不良地质带或满足其他交通需要而架设的使通行更加便捷的构筑物。根据桥梁结构构造的不同，路桥一般可分为拱桥、梁式桥、斜拉桥、悬索桥和复合型桥等不同桥型。桥梁的组成部分通常为上部构造、下部结构、支座和附属构造物。上部结构又称为桥跨结构，是跨越障碍的主要结构；下部结构包括桥台、桥墩和基础；支座为桥跨结构与桥墩或桥台的支撑处所设置的传动装置；附属构造物则指桥头搭板、锥形护坡、护岸和导流工程等。路桥景观设计是在公路的基础上或者在水域环境下，配套桥梁设计，营建一个具有景观价值的城市空间，以满足人们通行和游憩的需求。

（一）设计原则

路桥本身就是一个建筑亮点，路桥景观的建设会让人眼前一亮，但如果路桥建设没有把握好设计原则，在整体上看起来突兀不齐，就会给周边环境带来恶劣的影响。因此，设计者应根据周围的建筑环境，因地制宜地设计城市景观中的桥梁，要充分保持路桥景观建造艺术的多元化，追求桥梁整体形态美，使桥梁的造型更加多元。路桥景观设计应遵循以下基本原则：

1. 保证桥梁的安全性

路桥景观设计需要提高桥梁的安全度，将危险系数降到最低。不管是采用哪种材质，不论花费多少成本，路桥景观最基本的抗压和抗腐蚀能力都要做到最好，不断完善桥本身的特性。只有桥梁的安全系数高，路桥景观设计才能算合理，路桥景观的建造才能进行下去。所以，路桥景观设计不可随意更改桥梁的整体构造，不可随意破坏桥梁环境，损害桥梁的架构。

2. 保证桥梁的实用功能性

路桥景观基本的功能是能够正常使用，保证路桥景观的使用价值才是设计路桥的首要原则。所以路桥景观设计要充分体现桥梁的可通行能力，如果没有使用价值，桥梁的造型设计得再美都是徒劳的。在满足桥梁使用价值的基础上，设计者才可以变革创新桥梁的造型，给人们一种视觉上的享受。

3. 保证桥梁与周围环境相协调

由于路桥景观是在一个三维立体空间内建造的，对于建造的整体性布局，设计者需要把握好，有些桥梁的造型陈旧呆板，与当地的自然环境和人文景观并不相容，甚至显得格格不入。环境问题是迄今为止所有的建筑项目都应该考虑的问题，因此，路桥景观设计在建设中要将桥型与周围景观充分融合，协调好整体风貌，做好准备工作。此外，路桥的景观设计要考虑人文因素，桥梁周边多建造一些休闲娱乐场所，解决周边居民休闲、健身的问题，从多角度出发，格外注重对桥梁周围环境的保护、利用、改善和创造。

（二）设计内容

城市路桥根据使用环境可分为陆域桥梁和水域桥梁两种。路桥景观作为一个立体建构式空间，是设计者在三维空间里建造的一个新的道路景观，应能与周围的环境构成有机的整体。与其他景观设计相比，路桥景观设计的建造具有一定的难度，在设计上的创新度要求比较高，技术层面的要求也相对更高。

路桥景观设计主要包括公路桥梁和特色景观两个部分，把自然景观和人工建筑相融合，从而构成了整体的景观。人的心理感受很容易受桥梁存在的影响，所以，要建造一座好的路桥景观，需要着重强调周边环境的协调性。一个城市会有不同的水域，路桥的建造需要综合考虑水域状况，在原材料、建造技巧和细节设置方面，要体现路桥景观的功能性。路桥景观核心的功能是跨越地域，形成一条方便、快捷的通行道路，同时要注意创新性，在桥的造型设计上多花心思，不断变换桥的造型。设计者在设计时可以融入当地的特色文化，如在桥上面可以添加海鸥、瓷器图案来代表这座城市的文化风貌。在路桥的选址上，设计者要尽量选择水流比较缓慢的水域，了解周边的功能分区、河道整治方案，这些都可以帮助设计者更好地确定桥的建造风格，寻找与当地环境相符合的桥梁主题，充分体现城市独具特色的人文情怀。

在设计路桥景观时，设计者要本着景观优先的原则，如果桥梁的视野比较开阔，则能让人观赏到更优美的景观。在设计时，设计者不能破坏桥梁周围景观原有的风貌，要保持自然景观。路桥景观的承载力要足够强，还要兼顾交通功能、景观功能和文化功能。

（三）设计注意事项

1. 路桥设计与景观照明相结合

桥梁往往具有较高的美学欣赏价值，景观路桥的设计可以结合景观照明设计，运用照明美学辅以桥梁的基本元素点、线、面相结合构成照明体系，突出大桥结构特征。设计者应充分考虑不同的方位和角度进行桥梁的夜景照明设计，可以采用数码动态光色系统，以增强夜间色彩层次和视觉丰富性。为了更好地凸显三维空间中桥梁的局部细节，实现桥梁总体艺术造型与独特结构特征的充分展现，需要选取照明的亮度。同时，泛光照明桥梁的灯塔、桥墩等关键部位可以营造出良好的艺术效果。具体而言，索塔的泛光照明设计应遵循自下而上亮度逐渐递减的原则，确保过渡平稳，避免产生突兀的亮斑或暗区，以此保障桥墩泛光照明的均匀性与和谐性。

2. 场地与结构功能的统一

跨越功能是路桥最基本的功能之一，良好的结构方案是优秀设计的首要前提，路桥设计不应单纯追求美学效果而忽视路桥的本质功能。路桥的首要任务是确保通行功能的实现，并在技术可行性和经济合理性之间寻求最佳平衡。在此基础上，路桥景观的设计要综合考虑功能需求、技术条件和经济成本，以及景观尺度、生态影响、文化内涵和美学价值等多方面因素。路桥景观还应对设计方案从政治经济和文化生态等进行多方面统筹和比较安排，从创造人与自然和谐共生的高度，提出桥型构想和景观优化方案。

（四）典型设计案例

位于长江淮河下游的安徽省合肥铜陵路桥是一座具有现代化标志的桥梁，从该路桥景观与周边自然景观相协调的角度出发，将路桥景观设计作为参照物，从中可以不断探究景观桥梁的内在价值，彰显路桥景观的观赏性。根据路桥景观设计的几大基本原则，设计者根据桥梁的选址、桥位特点进行了深入的分析。这座桥在造型方面采用拱形结构。这是大部分路桥都会采用的结构造型，但与其他路桥不同的是，铜陵路桥周围还附有两个小拱形的桥梁，与大拱形的桥梁形成了鲜明对比，增加了桥梁的观赏价值。

铜陵路桥是合肥市景观桥梁建设中的典范工程，桥梁结构造型设计是非常巧妙的，整体上与周围环境融为一体，将自然景观和城市景观的美学价值充分展现了出来。

三、城市道路人行天桥景观设计

人行天桥又称为人行立交桥，一般设在车流量大、行人稠密的地段，或者设在交叉口、广场和铁路上。人行天桥上一般只允许行人通过，避免车流和人流的平面交叉冲突，这既保障了行人的安全，又有助于提升车辆行驶速度，减少交通事故的发生。人行天桥是构成城市道路景观的重要元素，优秀的人行天桥景观设计有利于形成优美的城市天际线。

人行天桥的使用人群多为步行者，人行天桥的通行速度远低于城市道路的其他路段。人行天桥除通行使用功能，有时还需要给行人提供观景休憩、驻足交流等空间。人行天桥的景观设计能够很好地缓解交通压力。在设计人行天桥时，设计者需要考虑天桥的形状、建筑风格和建筑材料等要素。人行天桥的设计还要紧密贴合城市的发展趋势，确保其设计理念与城市整体规划相协调，满足城市基本的交通需求，同时引领并促进城市的可持续发展。

（一）设计原则和要点

1. 保证人行天桥的安全性

人行天桥在设计过程中要考虑桥身的整个结构，以及建造的强度、刚度和稳定性。安全性是修建人行天桥的首要考虑内容，人行天桥的景观设计也应注重安全。天桥不能选一些容易被雨水、风雪浸蚀的建筑材料，桥外的装饰设计也不能很容易就出现一些表面缺陷，需要增加一些有效阻挡水分、污染物侵入的材料，延长人行天桥景观的使用年限。人行天桥景观的安全性除了与桥梁结构和桥梁材料有关，还与自然灾害息息相关。在设计人行天桥景观的过程中，设计者应该结合当地的地质条件和地理气候。在地质条件不稳定的城市，设计者需要个性化定制建造方案，根据当地地质条件和气候变化，合理考虑人行天桥应该如何建造。

2. 保证人行天桥的适用性

建造人行天桥的目的就是增加实用性，减少交通堵塞的问题。为了增加实用性，人行天桥可以适当地融入绿植元素，如在桥上设置花槽，通过在桥上的花槽中种植绿化植物，拉近人们与桥梁的距离，为城市绿化贡献绵薄的力量。在对人行天桥进行绿化设计时，设计者需要注意绿化植物排水系统的设计，统筹安排好人行天桥的建造流程，提高人行天桥的实用性。人行天桥景观的实用性还与地理选址有关，设计者应该充分考虑人们的过街习惯，增加天桥的使用率。

3. 保证人行天桥的经济性

人行天桥的规划设计应以适用和经济的双重考量为核心。在美学设计的阶段，设计者要优先确保项目的经济适用性，以避免不必要的资源浪费。人行天桥的景观预算不能过高，如果预算过高则会增加财政压力。此外，一座人行天桥的建设造价高会导致天桥的使用价值被降低，因此，在建造桥梁的过程中，不可铺张浪费，要彰显人行桥梁的经济价值。

4. 保证人行天桥的美观性

在设计时，设计者应保证天桥景观与周围城市环境的协调一致，尽力使其融入三维城市空间之中。这种融合不仅需要设计者考虑天桥的外观与周围建筑物的和谐统一，还需要设计者充分考虑当地的文化背景和气候条件等环境因素，从而打造出既符合城市特色又能自然融入周遭环境的桥梁设计。设计者还需要基于建筑美学的特点进行人行天桥的设计，努力使其与四周的立体环境空间形成互补。这需要设计者以周围环境的整体布局为出发点，深入挖掘潜在的美学价值，从而确保周围环境的整体性和和谐性不被破坏。

人行天桥作为城市的公共构筑物，不仅要满足基本的交通功能需要，还要与整个城市的环境相辅相成，成为城市亮丽的风景线，还可成为城市文化的一部分，体现城市文明。成为城市的地标性建筑，提升城市文化休闲品位，是人行天桥景观设计的终极目标。人行天桥不仅要满足行人的日常出行需求，还要提供一个安全、舒适的通道，供人们娱乐休闲、品味生活。

（二）典型设计案例

以长沙汉文化广场的人行天桥为例，该人行天桥位于长沙市芙蓉区浏阳河大道鸿翔国际广场附近。该人行天桥以原生态桥为主题，集使用价值和观赏价值于一体，建造的宗旨是打造城市绿色彩虹。人行天桥是密闭有盖的，以钢为结构，桥长为 55 米。在安全性方面，该人行天桥的主要建材是钢材、混凝土、钢筋和玻璃等建筑材料，而且在主梁顶面和砂浆层之间采用了防水涂料，防止出现因下雨天行人打滑摔跤的现象。

在实用性方面，根据实用性的选址条件，该人行天桥的步行人流量很大，横过一个交叉路口，选址增加了行人的使用频次，建造有很大的实用性。长沙市地势主要以山地、丘陵和平原为主，地形复杂多样，局部地段险峻，气候变化多样。在绿植方面，该人行天桥主要采用常春藤、吉祥草、时令鲜花等植被，能够提升行人的体验感。该桥方便行人出行，极具实用价值。

在美观性方面，该人行天桥为封闭式，与周围封闭建筑融为一体。加上灯光的作用，使该天桥成为人们夜间散步的绝佳场所之一，极具美观价值。长沙汉文化广场的人行天桥基本符合人行天桥的设计原则，并且在此基础上，还添加了照明灯光设置，从而让人行天桥显得更有价值和意义。长沙汉文化广场的设计在原有设计原则基础上实现了创新，既没有破坏周围环境的整体性，也没有降低天桥的美感。

四、城市步行街景观设计

城市步行街以优雅的环境、完备的设施和步行为主的交通模式，成为城市中一道独特的风景线。依交通方式之别，城市步行街可分为全步行街和半步行街两大类别，前者涵盖开放式、带顶盖的全天候步行街，后者涵盖时间限制式和车辆限制式步行街。这里人流如织，活力四射，是市民购物休闲的理想之地，彰显着城市的安全和舒适。精心设计的绿地景观更为这条商业街增添了无限魅力，不仅美化了城市面貌，更提升了城市的整体品位和格调。

（一）设计原则

1. 精在体宜

在步行商业街区，由于空间相对紧凑、行人步行速度较慢，人们的视线可能会受到局限，因此，人们对周围环境的细节部分会更加敏感。为了提升整体的环境质量，对于步行商业街的绿地中各种景观设施，包括橱窗、招牌、路灯、座椅、花坛、水池、垃圾箱和地面铺装等，都需要经过细致的规划和施工，以确保每一个细节都恰到好处，达到美观和实用的平衡。

2. 统一协调

绿地景观设计需风格统一且具有鲜明特色，避免零散布局带来的杂乱感。绿化与景观元素应和谐共生。

3. 适地适树

在选择植物时，设计者必须遵循适地适树的原则，并优先考虑使用当地的乡土树种。这样做不仅能确保植物的健康生长，还能为步行商业街增添独特的地方风情，从而提升其生态价值和视觉效果。植物的种类应精简而非繁复，布局宜疏朗而不宜拥挤，以展现四季更迭之美。设计者结合步行商业街的具体环境特点，巧妙布局，精心择木。例如，街旁建筑景致宜人，则可选择铺设草坪，设置花坛或低矮绿篱，同时将树冠小巧或分枝高耸的乔木间隔种植，构建人工植物群落，确保建筑景观尽收眼底。此外，绿化设计应兼具灵活性和协调性，且与步行街的风格相得益彰。

（二）设计要点

1. 营造标志性入口空间氛围

商业步行街入口是人们区分标志性建筑物的标准之一，也是步行街的标志性节点，兼具导向和象征双重意义。一般情况下，成功的步行街往往坐落在城市的标志性地段，其入口空间无疑成为整条街的焦点。

入口空间作为步行街的关键组成部分，也是步行街独特魅力的重要展示。设计者可以通过设置入口标志、装饰物、雕塑，以及其他具有象征意义的建筑或构筑物来凸显步行街入口的特色。为了增强步行街入口的辨识度和吸引力，各个主要入口都精心设计了标志性的空间元素。这不仅明确了步行街的范围，还为其增添了商业氛围，使步行街更具活力和吸引力。

2. 创造休闲的商业街气氛

人们去商业步行街的目的无非就是消遣时间，放松心情，给自己放个假。从人们进商业步行街的目的这一角度着手，在设计步行街的过程中，设计者应该尽量通过一切手段，突出商业步行街的休闲商业气氛。

在实际具体设计过程中，设计者可以在若干节点小空间设置座椅、售货亭、遮阳棚架、废物箱、树池等小品，并在这些小品的基础上进行创新，如在步行街座椅上添加可以放物品的小凳子，在座椅上放一些棋类游戏等物品，增加商业街的绿植，如灌木丛等。这些小节点既活跃了步行街的气氛，也为人们提供了很多休闲服务设施，可以提高人们对步行街的体验感。

整条步行街布置了多个聚会休闲的节点空间，增添了景观层次。当设计这些空间时，设计者需注重视觉焦点的营造，让各种感官体验交织渗透。只有当景观与景观相融合，景观的整体性与周围气氛相融合，才能使人们感受到商业街的氛围。

3. 塑造相应的人文景观

一条没有相应人文景观的步行街是没有灵魂的，纵观全国区域内有名的商业步行街，它们具有一个共性，就是都有一定的历史文化内涵，因此，如何在设计中体现一定的文化氛围就成为一个值得设计者思考的问题。步行街在设计中应尽量在保持商业气氛的同时，反映出一定的文化气息。

通常，各大步行街都会以名人雕塑的形式来作为一个人文景观的节点。人文景观包括自然人文景观和文化人文景观，常见的有池塘、雕塑、园林和小亭子等。在设计商业步行街的节点时，设计者需要设置符合步行街定位的人文景观，保持步行街的整体风韵。

（三）典型设计案例

山东省雪山风情商业街位于沂水县东外环以西的雪山路沿线。该商业街以步行街为主，规划有一条商业主街，四个休闲广场和一条内街，里面分别设有餐饮、旅馆、旅游、购物和休闲娱乐等商业文化设施，还有极具地域风情的高品质居住社区河相望。该商业街景观设计以“情长沂水”为设计灵感，将现代化与传统建筑风格相结合，以“乡土剧种”和“乡村生活”为主要设计内容。经过精心打造的商贸区，既融合传统乡土韵味，又富有时代精神。根据当地风土人情和民俗文化，该条商业街上的建筑风格与当地的建筑风格极其相似，打造了集餐饮、休闲、娱乐、旅游于一体的岭南文化商业街景观设计。此外，池塘等元素为商业街增添了一丝生机。

在该商业步行街上，有精心设计的座椅、果皮箱、橱窗、招牌、街灯、花坛、雕塑和水池等建筑元素。此外，该区域还有铜壁和流动的水寓意着聚财；地面上的铺装别致，给人一种如地毯般的视觉效果。该商业步行街的空间尺度很小，但充分利用交叉路口形成了一种立体感。

在植被方面，该商业步行街以常绿硬叶林为主，景观的观赏性强。在绿化设计方面，结合步行街的特点，绿植对称分布，整齐划一，有基础的绿化还有道路绿化，绿化的风格统一，都是将绿植与鲜花相结合。该商业街除了绿植装点，还有突出性的建筑物，如一些美食街、养生会馆、酒吧和茶吧等消费娱乐场所，形成了极具现代风格的现代旅游度假区，并且具有多元化的功能定位。

第三节 城市道路植物景观设计

城市道路植物景观的发展源于城市交通的需求演变，它在城市道路景观和绿地系统中占据着举足轻重的地位。城市道路植物景观对于保护城市生态环境、提升城市美感和塑造独特的城市形象具有至关重要的作用。随着城市化进程的加快和道路基础设施的不断升级，我国城市道路植物景观设计也在持续创新和发展，呈现出多样化和现代化的趋势。这种发展体现在层次丰富、林荫夹道、景观多样、行车通畅和行人舒适的发展特点上。

一、城市道路植物景观设计的作用

城市道路绿地是城市绿地系统重要的组成部分，除了有辅助城市道路交通通行的重要功能，还担负着维护生态平衡、优化美化生存环境的作用。

（一）辅助城市道路交通通行的作用

1. 视觉引导作用

借助道路植物景观的空间造型，尤其是乔木的种植，可使驾驶员了解前方道路变化的趋势走向，使驾驶员产生轻松、安心的感觉。这种心理感受具有防止驾驶员疲劳、提高交通安全的效果。同时，在夜间行车、起雾天或者雨雪天行车时，道路植物的视觉引导也能有助于驾驶人员识别道路线形和侧向界限。

2. 行车速度的调节作用

用地连续性和树种的变化，可预示道路线形的变化，形成明确的道路空间轮廓。不同的道路空间轮廓会形成不同的路段特征，并对行车状态产生不同的影响。因此，设计者合理掌控栽植树木的间距、高度、密度，可确保驾驶员安全操作，并能调节行车速度。

3. 挡光防眩的作用

中央分隔带的植物景观优先担负起挡光防眩的作用。在两板三带式和四板五带式的道路横截面结构类型中，中央分隔带便起到为相向行驶的机动车挡光防眩的作用。因此，中央分隔带上的植物种植设计应充分考虑植物高度和种植密度。

4. 保护道路的作用

如果路侧绿带采用密集的乔灌林设计，那么当植物达到一定宽度和密度时，植物就具有了遮拦与保护道路的作用。同时，乔灌林能有效降低侧向强风对道路的破坏。

5. 交叉口的识别作用

在道路交叉口设计中心绿岛，乔、灌、草相结合的植物景观设计通常能提高入口处或交叉口的识别性或易辨性，使驾驶员提前做好变道或转向的准备。

（二）保护城市生态环境的作用

近年来，城市机动车的数量飞速增长，导致交通污染问题愈发严峻。城市道路污染已然成为城市的主要污染源之一，与此同时，道路噪声污染也演变成一种普遍的社会问题。在此背景下，城市道路绿化展现出独特的价值，能够有效缓解这些污染问题，达到保护城市生态环境的作用。

1. 城市的空调

城市道路绿化具有促进城市的通风和透气，调节气温，改善城市小气候，消除“热岛效应”的作用，被称为“天然的空调”。

当太阳光辐射到树冠时，有 20%～25% 的热量反射回天空，35% 被树冠吸收，加上树木蒸腾作用所消耗的热量，可明显降低空气温度。据测定，有树荫的地方一般比没有树荫的地方要低 3～5℃。

2. 城市的抽水机

城市道路绿化能够提高空气湿度，被称为“天然的抽水机”。

据测定，一棵行道树一年蒸发的水分为 5 立方米，林带内相对湿度可以增加 10%～20%，600 米以内可增加 8%。

3. 城市的净化器

城市道路绿化可以吸收部分汽车尾气，释放氧气，维持碳氧平衡，减轻空气污染，因此被称为“天然的净化器”。

4. 城市的吸尘器

城市道路绿化能吸附道路灰尘，被称为“天然的吸尘器”。据测，在广州有绿化的街道上，距地面 1.5 米高处的含尘量比没有绿地的街道上含尘量低 56.7%，而草坪的飘尘浓度仅为裸露地面的 1/5。

5. 城市的降噪器

城市道路绿化能减弱机动车行驶过程中发出的噪声，被称为“天然的降噪器”。据测定，通过 18 米宽的路侧绿带（两行桧柏一行雪松）噪声减少 16 分贝，通过 36 米宽的路侧绿带噪声减少 30 分贝。减噪效果最好的是鳞片状重叠的树叶，树叶的位置最好能与噪声声源发生处成直角。

（三）美化城市环境的作用

城市道路景观属于城市景观的重要部分，也是城市文明和发展的重要体现。在设计中，设计者借助乔木、灌木和草本花卉，可以塑造出风光旖旎的城市道路植物景观。这不仅能充分展现植物的自然美，还能显著提升城市道路景观空间的审美价值。此外，它还有助于打破由建筑物、构筑物和铺装等元素构成的景观的单调感，为城市道路景观增添丰富的色彩变化和季节变化。通过这种方式，设计者能够打造出充满动态美的城市道路景观，进而实现对城市环境的美化和优化。

二、城市道路植物景观设计的原则

城市道路绿化设计的核心原则是确保道路的交通功能得到充分发挥，同时，在保障交通安全的前提下，巧妙地将四季花卉和草木融入其中。这样的设计旨在丰富城市的色彩，有效减轻环境污染，并为城市居民营造出宜人的生活和工作氛围。

（一）安全第一

安全是城市道路植物景观设计的首要原则。如果不充分考虑安全因素，则植物景观可能会成为交通事故的隐患。

1. 平交道口、十字路口处及弯道内、外侧

在进行道路植物景观规划时，设计者需要特别注意平交道口、十字路口及弯道的内、外侧区域。这些地方应当按照设计规范确保留有足够的安全视距。在规定的视距范围内，不宜种植高大的乔木，而应选择高度较低的灌木和花草。此外，在弯道的外侧，种植一排乔木是一个理想的选择。这种布局不仅能提前告知驾驶员道路的方向变化，还能有效地引导驾驶员的视线转移，从而有助于提高道路的安全性。

2. 中央分隔带

城市道路中央分隔带的作用不仅是分离车流和人流，还能为都市景观增添一道亮丽的风景。为了确保驾驶员的视野不受阻碍，中央分隔带的绿化设计同样应选择低矮的灌木，并搭配草坪和花卉。为了避免眩光的发生，可融入部分常绿植物。推荐的树木冠径应为 0.5～0.8 米，高度为 1.5～2 米，这样既能有效防止眩光，又能确保行车安全。此外，选择宽厚且低矮的植物不仅可以防止车辆和驾驶员受到伤害，还能避免行人随意穿越，从而保障行人和车辆的安全。北方城市一般以栽植东北连翘、刺玫、紫丁香、侧柏、桧柏、龙柏和小叶女贞为主。南方城市一般以栽植红花继木、小叶女贞、假连翘、木芙蓉、山茶、紫薇和月季等为主。

3. 两侧分车带

城市道路的两侧分车带可以选用乔木加地被植物或草坪的配置方式。同时，应注意乔木的冠下高度，以保证行人和车辆的安全。

（二）因地制宜

因地制宜原则：一是针对当地文化而言；二是针对大的气候、地理位置而言；三是指栽种的小环境，根据具体的种植地的空中管线、地下水位和地下管线分布状况等选择植物的种植和配置。

1. 结合当地文化

城市道路植物景观的设计应当深植于该城市的文化脉络和历史底蕴之中，将植物景观资源视为一笔宝贵的文化遗产，有计划地进行开发、保护和合理运用。精心的设计可以使城市的自然风光与人文气息交融，将城市的历史传承和地域风情巧妙地融入植物景观之中，以此凸显出地方文化的独特魅力。例如，厦门的木棉、重庆的黄葛树和山茶、北京的国槐、福州的小叶榕等，无不显示出一个城市的文化和历史，它们已经作为城市的符号和标志，记载着城市发展的轨迹和对文化的传承。

2. 结合当地生态环境

在城市道路景观设计中，设计者充分考虑当地自然环境和历史文化背景，确保植物与当地环境相适应。在选择植物时，设计者要综合考虑该地区的气候条件、土壤性质、水文状况，以及具体栽植地点的小气候等因素，从而挑选出适宜在当地生长的树种。这不仅有利于植物的健康生长，还能使植物对自然灾害的抵抗作用得到充分发挥，从而确保绿化成果的稳定性。例如，在道路绿化项目中，设计者可以选择悬铃木、合欢、槐树、香樟和栾树等乔木品种。这些树木以茂密的树冠、易于栽培和存活，以及耐修剪的特性而受到大众青睐。除此之外，这些树种在烟尘和病虫害的抵御方面也展现出较强的能力。在进行植物布局时，设计者可以挑选多种多样的植物来营造丰富多变的环境氛围，展现植物的多元化特性，同时体现出植物在层次感和季节变化上的独特魅力。所以，依据科学的选种原则，在确保四季常绿、三季有花的基础上，设计者要重视植物的布局艺术，努力将每一条道路打造成充满生机的生态型绿色通道，以实现真正的绿化目标。

3. 结合场地实际情况

由于城市道路用地的空间相对有限，除了交通用地，还存在众多市政公用设施，如地上的架空线路和地下的各类管道和电缆等。在这种环境中进行道路绿化工作，如果想取得良好的效果，就必须确保植物拥有适宜的地上和地下环境条件。

因此，在进行道路绿化设计时，设计者应在合理布局市政设施的基础上进行整体规划。除了要考虑场地的生态环境，设计者还要充分考虑道路所处区域的地形地貌、市政设施和周边建筑物等诸多因素，挑选恰当的植物配置模式和植物种类，以实现预期的绿化成效。如果场地道路两侧管线分布密集，则可栽种灌木和地被植物；如果场地土壤层较薄、养分不足，则可配植草坪、花卉或灌木，如平枝栒子和金露梅等。

（三）注重可持续发展

可持续发展原则强调避免因追求局部和短期利益而导致整体和长期的环境损害，倡导自然资源、生态环境、经济和社会的协调发展。在城市道路植物景观设计中，这一理念具体体现的是紧密结合自然环境，使植物景观设计能够提升环境和生态效益。此外，城市道路植物景观设计应充分利用可再生资源，减少对不可再生资源的依赖，从而实现资源的可持续利用。城市道路两侧的植物能形成较好的景观效果，一般需要数年时间。因此，植物景观设计要制订长期规划，所栽植的树木不应频繁更换或移植，确保其具备可持续发展的特性。设计者需要在近期成效与远期成效之间寻求合理的平衡，令树木在迅速发挥功能效用的同时，能够长期维持良好的形态效果。

在新建道路或老旧城市道路景观改造的过程中，为了早日绿荫夹道，可采用杨树、泡桐之类的速生树种。此类树种经过一段时间的生长后容易凋残，对植物景观效果产生影响，更换其他树种又需要一定时间，造成这段时间植物景观的空白。所以，在此种情况下，设计者宜将近期与远期相结合，将速生树种搭配慢生树种，如银杏、国槐和香樟等，在速生树种被更换后，慢生树种能发挥其植物景观作用。

（四）维护生态平衡

生态是物种与物种之间的协调关系，是景观的灵魂。生态平衡是大自然的一种自我调节保护。为了维护城市道路的生态平衡，设计者需要在设计过程中根据植物特性合理配植，分层次建造植被群落，形成稳定的植物群落。同时，设计者既要充分考虑道路与城市风向、位置等的关系，又要充分利用绿化的生态属性，选择优良适宜的园林植物。

由于城市道路是狭长的线形空间，自然环境复杂，绿化设计应尽量保留和利用原有植被、自然景观资源，避免种植有害植物，如有毒的、易折断的或会产生大量飘絮的植物。设计者可在维护其良好生态功能的同时，灵活运用植物造景手段，体现出了较强的景观性，使道路绿化形成优美、稳定的景观。

一般通过三种方法维护城市道路生态平衡：首先，要进行植物的多层次种植，体现植物的群落美；其次，由于城市道路空气污染严重，应选择抗污染或能有效吸收有毒有害气体的树种；最后，还要丰富道路绿化树种，这样可以带来多重营养和食物链，能有效地控制害虫所需的食物，进而减少害虫数量。

例如，山西作为一个依托矿产资源发展起来的能源型省份，煤灰炭粉的处理是城市污染治理面临的一大挑战。因此，在进行山西城市道路植物景观设计时，应充分考虑城市中煤尘污染的问题，选择龙柏、栾树等适合道路绿化且能有效吸附粉尘的树种。对于化工区这些排放有害气体的工业区域，应该更多地种植广玉兰、海桐、构树和棕榈等具有较强吸收或抵抗有害气体能力的树种。

城市道路植物景观的设计应当基于维护城市生态平衡的理念，全面考虑绿化相关的各种问题。唯有如此，才能使城市绿化的生态效益得到充分体现，从而减轻城市环境污染、美化城市环境。许多植物都具备经济价值，对这些植物进行科学的绿化配置不仅能提高环境的美观度，还能实现道路绿化在生态效益和经济效益方面的双重提升。

（五）讲究艺术性

城市道路植物景观设计需兼顾植物生态习性和环境的协调性，同时遵循艺术性原则。设计应迎合大众审美，充分利用植物的观赏特性，运用色彩学原理，考虑植物的季节变化和色彩变化，注重道路植物景观的层次感和整洁度，并确保植物与周边环境相和谐，以此创造一种“车在路上走，人在画中游”的极致景观体验，使街道景观更具园林化和艺术化特点。因此，在设计过程中，设计者应关注以下几个方面：

1. 统一与变化

整条道路的绿化风格保持一致，可以显著提升道路绿化的艺术水准。设计者运用重复的手法，可以凸显道路植物景观的统一感。同时，设计者搭配大小、形态、色彩各异的植物，可以在统一的基础上创造出丰富的变化，形成既统一又富有层次的植物景观效果。

例如，广州新机场路通过高大乔木和修剪成型的灌木交替等距种植，营造出了一种错落有致的节奏韵律。利用鲜明的植物立面搭配彩色灌木构成的色带，形成了条状与点状的层次变化。这种设计实现了立面垂直绿化与水平色彩带的三维融合，彰显了城市的多姿多彩。

2. 协调与对比

卷柏蕨类能够用于假山、护坡等垂直绿化，也可作为地被植物丰富植物层次，增加美感。在以此类绿色植物为背景的前提下，栽植少量红叶小檗、紫叶李和红花继木等，可起到“万绿丛中一点红”的景观效果。又如，广州知识城景观大道南路口利用修整模纹绿化结合行道树细叶榕组成的几何形树阵交叠重复，纹理流畅且富有动感，形成了快捷、明丽，清新和舒朗的气氛。

3. 障与透

针对道路两旁有损市容市貌的破败建筑，设计者可以通过密集种植高大乔木，并配合灌木丛进行多层次的绿化工作，从而营造出一道绿色的屏障。这样的做法不仅能美化道路环境，还能有效地遮挡视线。如果道路两侧拥有可观赏的美丽景观，则可以种植低矮的灌木或稀疏的栽种乔木，以此留出足够的视野空间，让人们能够尽情欣赏城市的美丽景色。

4. 节奏和韵律

在城市道路景观设计中，节奏和韵律无处不在，为城市空间注入了更多的生机和活力。无论是行道树的排列、花带的布置和台阶的设计，还是蹬道的构造、柱廊的搭建和围栅的样式，都蕴含着一种节奏感。更为复杂的设计元素，如地形的起伏变化、林冠线的层次感、林缘线的勾勒、水岸线的曲折、园林的蜿蜒，以及空间的开阔与收缩、流动与交互，还有景观的疏密虚实、藏露隐显，都能够引发人们内心的共鸣，创造出一种既有形又无形、既有声又无声的韵律体验。由一种或几种因素在形象上出现较有规律的起伏曲折变化所产生的韵律，如连续布置的树木、道路、花境等，可有起伏曲折变化，并遵循一定的节奏规律，自然林带的天际线也是一种起伏曲折韵律的体现。韵律和节奏本身是一种变化，也是使连续景观达到统一的手法之一。

三、行道树绿带的设计

在城市道路中，沿人行道与车行道之间种植一行或多行乔木用于为行人和非机动车庇荫的树木称为行道树。行道树是街道绿化最基本的组成部分。以种植行道树为主的绿带称为行道树绿带。行道树绿带既能为行人遮阴，又能点缀城市风貌。在选择行道树时，设计者通常优先考虑树冠宽大、能提供浓厚树荫的高大乔木，这些树木应具备整齐的树冠、较高的分枝起点、伸展的主枝和密集的叶片，而且以常绿树种为主。针对我国夏季普遍高温的现象，我国常用悬铃木、小叶榕等大树作为行道树。如今，行道树配置趋向多元化，乔、灌、草结合，形成多层绿化体系，显著提高了生态效益。

（一）行道树绿带的分类

行道树绿化带的种植方式主要有两种：树池式和树带式。

1. 树池式

树池式种植方法可以应用在交通流量较大、行人众多且街道狭窄的区域。这种方法有利于维护街道卫生，而树池上方的篦子经过精心设计也能成为独特的景观元素。此外，设计者可以利用宿根花卉或盆栽花卉遮盖树池，从而实现美化路面的效果。

需要特别留意的是，采用树池式种植方法会导致树木的营养供给区域受限，同时，这种种植方式也不便于进行土壤翻松和施肥等必要的养护工作，从而不利于树木的健康生长。为了确保树木的生长和行人的通行便利，树池之间的路面铺装材料最好选用混凝土草皮砖、彩色混凝土透水性路面或是透水性沥青等，这些材料都有助于水分的渗透和空气的流通。此外，在规划行道树的种植间距时，设计者应当根据树木成熟期的冠幅来确定。为了保证树木有足够的生长空间，最小的种植株距应不低于 4 米。在确定树木种植的株行距时，设计者还需要综合考虑所选树种的生长速率。例如，杨树作为一种快速生长的树种，其生命周期相对较短，通常在道路环境中使用 30～50 年后就需要进行更换。因此，在种植胸径为 5 厘米的杨树时，建议将株距设置为 4～6 米，这样可以确保其有足够的空间生长，同时便于杨树未来的更新和维护工作。

2. 树带式

树带式的种植模式特别适用于人行道宽度超过 3.5 米的道路绿化项目。在这种模式下，园林部门可以根据树带的具体宽度来栽种不同类型的植物，包括乔木、灌木，以及地被植物，从而营造出一条连续不断的绿色地带。这种种植模式不仅有助于树木的健康成长，还能有效提升绿化覆盖率，改善道路周边的生态环境，并且，为城市景观增添更多的绿色元素。此外，这种模式还能对道路空间进行合理划分，确保行人的通行安全，同时具备隔音降噪的功能。在绿带中预留出铺装通道，能够方便行人的往来通行。

树带式种植方式通常是在人行道的一侧栽种高大的乔木以提供树荫，而在车行道一侧则选择种植低矮的灌木或花卉等，以此确保不会遮挡驾驶员的视线。受气候条件等因素的影响，该种植模式在南方的使用较为普遍，而在北方则相对较少应用。

（二）行道树绿带的种植设计要点

第一，在树种选择上，应坚持因地制宜，采用乡土树种的原则。在选择行道树种时，应优先考虑那些具有高度观赏性、树冠茂密、树干笔直的树种，并且能够展现出丰富的季节性变化。阔叶树种通常是较好的选择，因为它们不仅能在夏季为行人遮阴，而且相较于针叶树，阔叶树更适合修剪和维护。理想的行道树应具有不低于 2.5 米的分枝起点，主枝展开的角度应至少与地面呈 30° 角。此外，选择的树种应避免有异味、飘絮、绒毛、尖刺或毒性，并且最好是深根性植物。树种选择以常绿树种为主，例如在湖北省赤壁地区，香樟、广玉兰、四季桂花树就是很好的行道树。香樟冠大浓荫，树形优美，特别是夏季能遮挡炎炎烈日，行走树下，极为舒适；广玉兰叶大色深，树形美观，四季常绿；四季桂花，四季飘香，清香舒适，也是作为行道树的理想树。

第二，在决定绿化带宽度的过程中，需综合考虑道路的类型、等级、对绿地的功能需求以及具体的场地条件等多种因素。对于支路或次干道这样路面较窄的道路，在满足车辆通行和行人通行的前提下，行道树的绿化带宽度通常会有所缩小。然而，为了确保植物能够健康生长，绿化带宽度至少应为 1.2 米。当绿化带宽度超过 2.5 米时，可以采用乔木与灌木相结合的方式进行种植。

第三，在行道树绿带的布局设计上，通常倾向于采用对称式布局，即在道路横断面的中心线两侧，设置相同宽度的绿化带，并且在植物的选择、配置以及树种和株距等方面都保持一致。然而，当道路的横断面形状不规则，或者两侧行道树的绿化带宽度不一致时，可以选择在一侧种植行道树，而在另一侧安排照明设施、电线杆以及其他地下管线。

在同一条街道上，采用相同的树种和株距进行对称种植，不仅可以遮阴、降噪，还能使街道景观显得整齐而雄伟，展现出整体美感。为保持同一街道的整体美感，更换树种时，要从道路交叉口或桥梁等位置更换。

第四，在确定行道树的种植间距时，应确保树干中心至路缘石外侧的最小距离不少于 75 厘米。这样的距离设置有助于公交车等车辆的停靠，也利于树木根系的正常生长，预防树木出现倾斜歪倒的现象，并且，方便种植和后期养护。此外，在弯道或道路交叉口处，种植在行道树绿带上的树木与相邻机动车道路面的高度应为 0.6～1.5 米，且其树冠不得侵入视距三角形区域，以防止影响驾驶员的视线，从而确保行车安全。

行道树的株距要根据所选植物成年冠幅大小来确定，另外，道路的具体情况，如交通或市容的需要也是考虑株距的重要因素，常用的株距有 4 米、5 米、6 米和 8 米等。

行道树是沿车行道种植的，而城市中许多管线也是沿车行道布置的。因此，行道树与管线之间经常相互影响，在设计时，设计者要处理好行道树和管线的关系，使它们各得其所，才能达到理想的效果，具体数据如表 4-3-1、表 4-3-2、表 4-3-3 所示：

表 4-3-1　树木与地下管线外缘最小水平距离

管线名称	距乔木中心距离（米）	距灌木中心距离（米）
电力电缆	1.0	1.0
电信电缆（直埋）	1.0	1.0
电信电缆（管埋）	1.5	1.0
给水管道	1.5	—

续表

管线名称	距乔木中心距离（米）	距灌木中心距离（米）
雨水管道	1.5	—
污水管道	1.5	—
燃气管道	1.2	1.2
热力管道	1.5	1.5
排水盲沟	1.0	—

表 4-3-2　树木根茎中心至地下管线外缘最小距离

管线名称	距乔木根茎中心距离（米）	距灌木根茎中心距离（米）
电力电缆	1.0	1.0
电信电缆（直埋）	1.0	1.0
电信电缆（管理）	1.5	1.0
给水管道	1.5	1.0
雨水管道	1.5	1.0
污水管道	1.5	1.0

表 4-3-3　树木与其他设施最小水平距离

设施名称	至乔木中心距离（米）	至灌木中心距离（米）
低于 2 米的围墙	1.0	—
挡土墙	1.0	—
路灯杆柱	2.0	—
电力、电线杆柱	1.5	—
消防龙头	1.5	2.0
测量水准点	2.0	2.0

以上各表可供树木配置时参考，但在具体应用时，还应根据管道在地下的深浅程度而定，管道深的，与树木的水平距离可以近些。树种属深根性或浅根性，

对水平距离也有影响。树木与架空线的距离也视树种而异。树冠大的，要求距离远些；树冠小的，则可近些。一般应保证在有风时，树冠不致碰到电线。在满足与管线关系的前提下，行道树距道牙的距离应不小于 0.5 米。

确定种植点距道牙的距离还应考虑人行道的铺装材料和尺寸。如果是整体铺装则可不考虑；如果是块状铺装，最好在满足与管线的最小距离的基础上，与块状铺装材料尺寸呈整数倍关系，这样施工比较方便、快捷。

第五，确定种植方式。行道树的种植方式要根据道路和行人情况来确定，道路行人量大，多选用树池式，树池一般为 1.5 米 ×1.5 米的方形，长方形的短边一般不得小于 1.2 米。树池的边石有高出人行道 10～15 厘米的，也有和人行道等高的，前者对树木有保护作用，后者方便行人走路，现多选用后者；在主要街道上树池还覆盖特制混凝土盖板石或铁花盖板保护植物，对于行人更为有利。道路不太重要、行人量较少的地段可选用种植带式长条形的种植带施工方便，对树木生长有好处，缺点是裸露土地多，不利于维持街道卫生和街景的美观。因此，为了保持清洁和街景的美观，可在条形种植带中的裸土处种植草皮或其他地被植物。在一板二带式道路上，当路面较窄时，应注意两侧行道树树冠不要与车行道衔接，以免造成飘尘和废气等不易扩散的问题，使道路空间变成一条废气污染严重的绿色烟囱。园林部门应注意树种选择和修剪，适当留出“天窗”，使污染物能够得到扩散、稀释。

行道树绿带是以行道树为主，结合乔木、灌木与地被植物构成的不间断的绿带。植物定植株距依据树种成熟期树冠大小，至少保持 4 米，且树干与路缘石外侧间距不得小于 0.75 米。种植行道树苗木的胸径为快长树不得小于 5 厘米，慢长树不宜小于 8 厘米。在道路交叉口视距三角形范围内，行道树绿带应采用通透式配置。

四、分车绿带的设计

（一）分车绿带设计的重要性

在分车带上进行的绿化，称为分车绿带，也称为隔离绿带。在道路的横断面类型中，分车带包括快慢车道分车带和中央分车带，前者是将快车道和慢车道相分离，以保证行车速度；后者是将上行车道和下行车道相分离，以保证双行车道的安全和速度。城市道路分车带绿化除了分隔交通和保障安全，还具有美化城市、软化街道建筑硬景、消除司机视觉疲劳和净化局部环境等作用。

在道路绿化设计中，分车绿带的设计合理与否相当重要，其植物景观的塑造对道路的整体氛围有着显著影响。分车绿带需与整个道路景观（涵盖人行道绿化带以及周边建筑）相融合进行规划设计。现如今，道路的主要使用者是驾驶员和乘客，因此，在设计分车绿带时，设计者必须将人的需求放在首位，确保植物景观的设计满足这一群体的需求。杭州新塘路的分车绿带设计采用了自然式的栽种方式，铺设草坪，栽种地被植物、低矮的花灌木，并将乔木疏密有致地栽种其中，融入简洁且明快的图案，使绿带富有层次感。

（二）分车绿带的种植设计要点

车行道中央的分车绿带位置显著，因此，设计者在设计时要兼顾街景的艺术美感，运用多样的植物配置手法，营造出封闭、半开放或开放的空间氛围，平衡建筑、交通与绿化之间的关系，确保街景既和谐统一又充满变化。但需要留意的是，变化需适度，以免繁复凌乱，分散驾驶员的注意力，从而影响交通安全。

1. 分车绿带与人行道的关系处理

分车绿带位于车行道之间，当行人横穿道路时，其必然横穿分车绿带。这些地段的绿化设计应根据人行横道线在分车绿带上的不同位置，采取相应的处理办法，既要满足行人横穿马路的要求，又不致影响分车绿带的整齐美观。具体有以下三种情况：

第一，人行横道线在绿带顶端通过，在人行横道线的位置上铺装混凝土方砖不进行绿化。

第二，人行横道线在靠近绿带顶端的位置通过，在绿带顶端留一小块绿地，在这一小块绿地上可以种植低矮植物或花卉草地。

第三，人行横道线在分车绿带中间某处通过，在行人穿行的地方不能种植绿篱和灌木，可种植落叶乔木。

2. 分车绿带的宽度

分车绿带的宽度跨度较大，1.5～6 米甚至更宽的尺度都有。当城市道路扩建时，中央分车带常成备选之地。其宽度充裕，一旦交通需求激增，交通管理部门便可相应缩减绿带面积，拓宽车道。

分车绿带的种植设计因绿带的宽度不同而有不同的要求。一般分车绿带的最小宽度不宜小于 1.5 米，一般窄的分车绿带上仅种植低矮的灌木和草坪，如低矮、修剪整齐的杜鹃花篱，早春开花如火如荼，衬在嫩绿的草坪上，既不妨碍视线，又增添景致。

当分车绿带在 1.5～2.5 米时，其上一般种植单一乔木或单一灌木或乔灌间植，种植整形绿篱或宿根花卉或单独铺设草坪的方式，以实现分车绿带的基本功能。对于 8 米以上的分车绿带可以采用比较丰富的植物造景手法，丰富道路立面景观。

3. 分车绿带的植物配置形式

分车绿带植物配植形式多样，可采用规则式，也可采用自然式。分车绿带属于动态景观，形式力求简洁有序，整齐一致，如果是用单元色块或者是单元种植则应采用大色块、大单元种植，以减少驾驶员的视觉疲劳。

在规则式植物配置方式中，最为简单的方式是等间距地种植一层乔木，或在乔木下方搭配种植灌木和草坪。相较之下，自然式的植物配置倾向于借助植物独特的形态、色彩和线条，巧妙融合常绿与落叶乔木、灌木、花卉和草坪，打造出高低起伏、层次分明的树丛景观，达到四季皆有其美且变幻无穷的效果。不论采用哪种形式进行配置，都必须妥善协调好交通与植物景观之间的关联。

4. 分车绿带的植物选择

分车绿带紧邻交通污染源，尘埃多，热辐射强烈，土壤贫瘠且管理难度大。当选择植物时，设计者应充分考虑这些环境特点，优先选用适应性强的本土树种。当分车带宽度超过 1.5 米时，道路两侧适宜栽种乔木，并尽量采用乔、灌、草相结合的复层配置，以最大化绿化效果。乔木树冠应避免在车道上空相接，以免阻碍机动车尾气排放至大气中，影响空气质量。道路环境易受空气污染影响，当选择植物时，设计者应优先选用龙爪槐、红叶李等无刺或微刺、叶色多变且耐修剪的树种，同时要耐灰尘、抗路面辐射，便于管理。

除此之外，分车绿带还能缓解夜间对向车辆的眩光。为了防止对向车辆的光线干扰，在植物景观布置中，设计者应选用连续的绿篱、不连续的球形植物或低矮的常绿树种来遮挡车灯。在路幅狭窄、需以隔离栅栏替代分隔带的情况下，藤蔓植物如蔷薇、藤本月季、爬山虎等，亦能巧妙造景。在交通繁忙地带，这种设计尤为贴切且常见。

5. 分车绿带与公交车站的关系处理

分车绿带一侧靠近快车道，因此，公共交通车辆的中途停靠站都设在分车绿带上。车站的长度为30米左右，在这个范围内一般不能种灌木和花卉，可种植乔木，以便在夏季为等车乘客提供树荫。当分车绿带宽5米以上时，在不影响乘客候车的情况下，可以种少量绿篱和灌木，并设矮栏杆保护树木。

6. 分车绿带视线设计

为确保视线的通透，分枝点较低的树种的株距设置应为树冠直径的2～5倍。灌木或花卉的生长高度应保持在水平线以下。如果需要确保驾驶员的视线不受任何阻挡，则隔离带上应仅种植草皮、花卉或是分枝点较高的乔木。此外，在路口和转角处，应预留一定的区域（即视距三角形），避免种植任何可能妨碍驾驶员视线的植物。

视距三角形的顶点是两相交道路最外侧和最内侧车道中线交点，两边则是两条车道中线各自按照规定的车速所能达到的停车视距。在此三角形区域内，严禁设置任何妨碍驾驶员视线的物体或道路设施，以确保行车安全。

五、路侧绿带的设计

路侧绿带位于人行道和道路红线之间，是道路景观的重要组成部分。适宜宽度的绿带如同天然的屏障，能够有效地减少噪声和尘土影响。绿带的宽度变化对植物的配置有着一定的影响。同时，这种绿带与沿途用地和建筑紧密相连，在建筑中也可起到衬托或保护的作用。为此，路侧绿带常借助乔木的挺拔、灌木的繁茂、花卉的绚丽和草坪的柔和，依据建筑群的空间布局、外观设计和色彩搭配，结合周边用地特性、防护需求和景观愿景进行精心规划，确保绿带在整体上连贯、完整，展现出和谐、统一的视觉美感。

（一）路侧绿带与建筑红线的关系

路侧绿带与建筑红线一般有三种组合关系：

第一，建筑红线与道路红线重合，则路侧绿带形成建筑的基础绿化带，面积通常不大。

第二，建筑退让红线留出人行道，路侧绿带位于两条人行道之间，一般靠近车行道一侧的人行道是提供给过路行人使用的，而靠近建筑的人行道则是为附近居民提供的，这种做法普遍应用于商业街等人流量较大的地段。

第三，建筑退让红线在道路红线外侧留出绿地，路侧绿带和道路红线外侧绿地相结合。

（二）路侧绿带植物的选择

在路侧绿地狭窄，宽度不足 4 米的情况下，地被植物就能够发挥重要的作用。而在路段空间宽裕的情况下，自然群落式的种植则占据重要地位。高大的常绿树种挺立如屏，前方则巧妙搭配灌木、地被植物、宿根花卉与草坪，常绿与落叶、乔木与灌木、树木与花卉交织共生，构成一幅幅错落有致的画卷。洞山东路、洞山西路、十涧湖路的外排都是这种自然群落种植的方式。如洞山东路以雪松、广玉兰、蜀桧、合欢、大叶美洲黑杨等作为背景，前面栽植日本晚樱、海棠、夹竹桃、紫薇、木槿、火棘、桂花、蚊母、石楠、红叶石楠等，将成片的金钟、鸢尾、迎春、连翘，小红帽月季等点缀在嫩绿的草坪上，突出了色彩和季相的变化，并根据植物的形态、高低、大小、落叶或常绿、色彩和质地等，形成主次分明，错落有致，且一季突出、季季有景的效果。

例如，某路侧绿带的场地按高低顺序配置不同种类的植物，由低到高分别种植狗牙根（地被植物）、杜鹃、木春菊、红花继木、金叶女贞、海桐（花灌木）、日本晚樱和香樟（乔木）等。植物的选择考虑季相的变化，春季以粉色晚樱为主，夏季以黄色的木春菊为主，秋季以黄色的银杏为主，冬季以红色的杜鹃为主。整体道路要做到四季有景，移步异景。设计从人的需求出发，将道路每侧按顺序划分为组团绿化、休憩设施和 3 米的游步道。植物采用曲线种植，色彩鲜明，高低有致。

（三）路侧绿带的分类及植物景观设计要点

1. 防护绿带

城市道路植物景观中的防护绿带是指以保护路基、防止风沙和水土流失、隔音为主要目的而设置的路侧绿化用地，其功能是对自然灾害和城市道路公害起到一定的防护或减弱作用。

如果防护绿带的宽度超过 2.5 米，则可将乔木和灌木各种植 1 行；如果防护绿带的宽度超过 6 米，则可双行种植或乔灌复层种植；如果防护绿带的宽度超过 8 米，则可采取多种种植方式，在设计时根据实际情况调整。

2. 基础绿带

基础绿带是指紧依建筑而设置的绿带，主要发挥着屏蔽外界干扰、守护建筑内环境和人的活动的作用。其中，灌木、绿篱和攀缘植物巧妙点缀，能够美化建筑。在种植时，设计者需确保植物与建筑保持适当间距，以免影响室内的通风和采光。

3. 街头小游园

街头小游园是指城市主干道边供居民小憩的绿地，沿街分布，集中绿化。其宽度通常超过 8 米，面积大多小于 1 公顷。

街头小游园设计灵活，街道宽敞且有空地即可打造。当城市绿地稀缺时，它能够有效提升绿地占比。在旧城改造中，很难在密集的建筑群间发展大块绿地，此时，发展街头小游园便成佳选，既美化城市，又添绿意，让繁忙都市焕发自然生机。

街头小游园形态万千，与周遭环境各异，其设计布局大抵归为四类：规则对称式、规则不对称式、自然式和混合式。每种布局独具魅力，在设计时，设计者需考量绿地面积、轮廓、周边建筑风貌、居民需求和管理效能等要素，在美化街景、丰富视觉层次的同时，确保游园功能的完善。

街头小游园的设计内容包括确定出入口、组织空间、设计园路和场地、选择安放设施、进行种植设计。这些都要按照艺术原理和功能要求进行考虑。

在以休息为主的街头小游园中，道路和活动场地可占总面积的 30%～40%；在以活动为主的街头小游园中，道路和活动场地可占 60%～70%。但这个比例会因绿地大小不同而有所变化。街头小游园的设施包括栏杆、花架、景墙、桌椅坐凳、宣传栏、儿童游戏设施，以及小建筑物、水池、山石等。

六、交通绿岛的设计

交通绿岛是指经过绿化的交通岛用地，其主要功能是诱导交通、美化市容，通过绿化辅助交通设施显示道路的空间界限，起到分界线的作用。作为城市道路绿化的一部分，交通绿岛可形成独具特色的城市节点性景观。

交通绿岛依据功能和位置，分为中心绿岛、导向绿岛、安全绿岛和分车绿岛，它们在道路交通系统中占据重要地位。下面将以此为出发点，进行全面的解析：

（一）交通绿岛的作用

交通绿岛作为城市绿化不可或缺的部分，能够吸收尘土、减轻噪声、产生氧气、调节湿度，通过精心设计的绿化布局，突出了绿岛外缘的线性，明确了道路的空间界线，为驾驶员提供了清晰的行车指引。尤其在恶劣天气，如雪、雾、雨天，绿岛能缓解驾驶员视线不足的困难，在很大程度上保障了道路行车安全。同时，采用多样化的绿化配置，能够显著增强道路的辨识度和方向性。

（二）交通绿岛的形式

交通绿岛形态多样，主要依据路口角度、车流量和道路等级来决定，包括圆形、卵形、菱形、椭圆形和圆角方形等。一般来说，标准的交通岛直径至少为 25 米，而在大中型城市中，交通岛的直径通常为 40～80 米。根据交通岛的具体形状和大小，交通绿岛可以被划分为可进入式和不可进入式两类，以满足不同的交通需求。

1. 可进入式交通绿岛

在宽敞的交通绿岛上，如果不妨碍交通安全，则可建设街心游园，融入城市的文化休闲绿地体系。依据绿岛的独特地理位置和周边环境，设计者应优先选择规则式的设计形式，布置园路和座椅等园林设施和休憩角落，或增设纪念性构筑物，以供人们短暂驻足休憩。游园内的活动区域需利用植物和外围道路适度分隔，确保游客的私密和安全，同时减少对外界交通的干扰。

2. 不可进入式交通绿岛

不可进入式的交通绿岛的核心功能是交通引导。在设计时，设计者应将绿岛视为一个整体，确保立面与平面的完美融合，可利用市标、组合灯柱、建筑雕塑、立体花坛等作为视觉焦点，竖向诱导视线，但要确保其体量、高度不妨碍驾驶员的行车视野。平面布局需强调统一、流畅，这一效果并非依赖硬质材料实现，而是通过树种统一、色彩搭配和线条协调等植物元素来巧妙展现。

（三）交通绿岛的绿化形式

交通绿岛常为视觉焦点，绿化形式各具特色。

第一，以大型模纹图案呈现，花灌木依线条造型巧妙布局，造就简约、大气的植栽风貌。

第二，苗圃景观模式，该模式下乔、灌、草交织的密集群落，不仅彰显交通绿岛的生态和美学价值，更兼顾经济效益，为城市绿化培育优质苗木，为绿化发展注入源源不断的生命力。

（四）交通绿岛的植物景观设计

1. 交通绿岛的平面设计

交通绿岛的视觉受益群体为绕行于此的驾驶员，过度繁复的植物布局会分散驾驶员的注意力，降低行车安全。因此，交通绿岛的平面设计更加侧重于绿化整体感，以大色块和大组团构建视觉模式。同时，作为线性通道的连接点，交通绿岛需与相邻道路绿化风格和谐统一。

2. 交通绿岛的植物种植设计

为确保行车安全视距，交通绿岛的植物景观设计需采用通透式布局。绿化主体为草坪和花卉，辅以低矮常绿树种和花灌木，形成简洁明快、曲线流畅的模纹花坛，同时需注意避免过度复杂和奢华，以防分散驾驶员的注意力。此外，在交通绿岛中，可点缀修剪整齐的小灌木丛，并在中心位置种植一株或一丛观赏性强的乔木以突出重点。小乔木和灌木适宜选用大叶黄杨、金叶女贞、紫叶小檗、杜鹃、月季和苏铁等。

交通岛的绿化位置独特，因此，在树种选择时需谨慎。首选抗逆性强的树种，特别是当地的乡土树种，它们更适应当地环境并能够承受较为粗放的管理方式。此外，树木的冠形应具备良好的可塑性，树形应向上延伸并具有一定的聚拢性，呈尖塔形或圆锥形，这样可以创造出空间上的视觉焦点。在种植时，应优先选择生长速度较慢的树种，以确保景观效果的持久性，而且，从经济效益角度考虑，这样做还可以降低未来的更新和维护成本。

交通绿岛的植物种植设计要在满足交通功能需求的同时，符合现代快捷交通条件下人的视觉审美需求。设计重点是围绕植物造景，根据植物树种和花草的不同特性，结合周围环境合理布置，营造四季变换的自然景观。设计应充分考虑绿地所处位置的自然地理环境，通过植物的栽植减少道路噪声、净化空气，达到生态的可持续发展。

七、沿街停车场绿化设计

停车场是城市交通的重要组成部分，其绿化是城市园林景观的有机组成部分。随着交通设施的不断完善，停车场的数量大幅度攀升，停车场面积占城市用地面积的比重也在逐年增加。其中，沿街停车场所占比例较大。由于沿街停车场绝大部分面积无绿荫建设，地表及停放其中的车辆全都暴晒在烈日下，吸收大量的热量。因此，沿街停车场也加剧了城市的热岛效应。

停车场绿化设计是指针对停车场实际情况，采取合理的绿化方式对停车场进行绿化，包括停车位铺装绿化、停车场内隔离带绿化和停车场边缘绿化。停车场的绿化植物主要用于阻挡阳光暴晒的车辆，同时能净化空气、阻挡沙尘、削弱噪声，使城市绿化覆盖量得到一定提高，改善停车场生态效应。停车场一般分为沿街停车场、小区停车场和树林式停车场。下面将着重讲述沿街停车场绿化的设计：

（一）沿街停车场绿化的设计原则

1. 充分绿化原则

沿街停车场应尽可能创造条件进行绿化，在满足停车需求的同时尽可能增加绿化面积。停车场的绿化应以落叶乔木为主，有条件的地方做到乔、灌、草相结合，不得裸露土壤，以发挥植物最大的生态效益。植物材料的选择应遵循适地适树的原则，以植物的生态适应性为主要依据。停车场绿化应选用较大规格苗木并留出适宜的种植间距。

2. 安全原则

精心规划沿街停车场的绿化树木和市政设施布局，确保树木拥有适宜的栽种环境和生长空间。沿街停车场绿化设计需兼顾行车视野和空间需求，保障停车位功能无损，避免出现停车场内车辆受损或受污的情况，同时确保停车区域结构稳固。停车场绿化的设计和施工除应符合国家及地方现行有关标准规范的规定和环境保护的有关规定。

（二）沿街停车场绿化形式

1. 树阵式停车场

树阵式停车场主要通过精心布局的高大乔木来形成绿荫。这些乔木以树阵方式错落有致地植于树穴，如某停车场采用“品”字形布局。在两排车位间，乔木交错栽植，且每隔 2 个车位或 3 个车位种植，树种则在相邻树列间巧妙变换，落叶与常绿相映成趣，为中小型车垂直式停车区增添独特景致。

2. 乔灌式停车场

乔灌式停车场的设计巧妙融合绿化元素，于隔离带和周边绿地种植乔木。整排车位一侧及每 2～3 个车位，都设置绿化隔离带。车位间隔离带所种植的乔木主要是落叶品种，而在停车位一侧则以常绿乔木为主。隔离带形式主要有 3 种，即草坪隔离带、绿篱隔离带以及花灌木与地被隔离带。此布局适用于各类型车垂直式停车场的绿化改造，既美观又实用。

3. 棚架式停车场

棚架式停车场是指在停车位上方搭建遮阳棚架，棚内或周围设置植物槽，用来种植攀爬类植物。此类植物可以向上攀爬至棚架之上，与周围配植的较高叶乔木或灌木相互衬托，创造出良好的景观效果。棚架式停车场需根据结构力学原理来进行设计。棚架的形式和材质灵活多变，主要根据停车场的周围环境来确定，常见的棚架材料包括金属、混凝土、石材和仿木等。棚架的高度则要符合停放车辆的实际情况。这种形式的停车场适用于面积有限的中小型垂直式停车场。

4. 植草砖铺装停车场

植草砖铺装停车场在各类生态停车场中十分常见，在提高停车场生态效益和美化停车场上能发挥很好的作用，尤其在露天停车场中，水泥的铺设会阻碍下层土壤的透气，土壤所吸收的辐射热也较难散出，如果水泥铺设的面积过大，就容易导致城市出现热岛效应。但如果全部采用草皮铺设或植物种植，则频繁的车辆出入会迅速降低植物的存活率，出现后期管理成本高的现象。在雨天会出现打滑的现象，不方便驾乘人员和管理人员的活动。因此，铺设植草砖就是一种较为折中的办法。镂空的植草砖为植物提供了一定的生存空间，并且让土地也能适度呼吸；能承受重压，同时让植物不会因踩踏或轮胎碾压而夭折，也不用担心大雨来袭满地泥泞。透水性佳的植草砖也可防止雨水冲刷土壤，还能储水保持草皮湿度；并且，能使停车与绿化功能合二为一，实现停车场硬化与绿化的有机结合。

植草砖铺装是由植草砖和绿植两个部分组成。植草砖是由混凝土、河沙和颜料等优质材料经过高压砖机震压而成的，具有很强的抗压性，铺设在地面上有很好的稳固性，能经受行人、车辆的碾压而不被损坏；绿植一般选用耐久性好，适应强的草坪草或地被植物，植物的高度等于或稍大于植草砖的高度。而植物的根部生长在植草砖下面，车辆碾压不会令植物的根部受到伤害，同时，植物的加入提高了停车场的绿化面积。

植草砖常用颜色为灰色、黑色和白色，其他颜色可定做。植草砖的材料抗老化、耐腐蚀，可重复使用。植草砖的形状分井字形、背心形、单“8”字形、双“8”字形和网格形等。植草砖的使用寿命在 40 年以上、绿植一般 8 年复种一次，强度一般为 30 兆帕，能够提高整体 30% 以上的绿化率。

（三）沿街停车场植物种植设计

在设计停车场绿化带、树池形式、选用树种时，设计者要根据停车场所处的位置、总体规划、设置规模、停车形式和车容量等综合考虑，不能生搬硬套。

1. 树种选择

停车场绿化有别于一般性的景观绿化，在植物的选择上，应当优先考虑能够提供茂密树荫的品种，而将美观性作为次要考虑因素，如冠大荫浓、寿命长、抗污染、管理简便的乔木品种。此外，分枝点高、枝条坚韧的树种更能保障行车安全。乔木树种应具备抗病虫害能力强、根系强健、易于移植的特点，耐旱、耐瘠薄土壤的树种有助于降低养护成本。理想的乔木品种包括乌桕、榉树、悬铃木和黄连木等。其成型后枝繁叶茂，能够为车辆遮挡烈日。对于灌木植物和藤本植物，则应选用抗污染性强、耐修剪且表现效果好的树种，如紫藤、木香、夹竹桃和海滨木槿等，它们适合种植于停车场边缘，增添绿意。

2. 种植方式

一般以乔木为骨干树种，常绿和落叶乔木相间种植，底层分布花灌木球和草皮于车位之间的绿化带及周边，构成丰富的植物群落结构，或采用乔木和微地形草坪相结合的方式形成自然开敞的景观空间。

应保证乔木种植株行距≤ 6 米，种植数量≥ 4 行 ×4 列。当停车场内采用树池形式绿化时，树池规格应≥ 1.5 米 ×1.5 米。树池上应安装保护设施，保护设施的材料和形式要保证树池的透水透气需求。

可以在渗水砖砌块或混凝土预制砌块的孔隙或接缝中栽植草皮，使草皮免受行人和车辆的践踏碾压，砌块图案形式不一，厚度应≥ 100 毫米，植草面积应≥ 30%。砌块孔隙中种植土的厚度以不小于 80 毫米为宜，种植土上表面应低于铺装材料上表面 10～20 毫米。植草铺装排水坡度应≥ 1%。

3. 景观效果

常绿和落叶乔木混植可以形成丰富的季相变化。一般采用条形微地形草坪构成停车场的界线，点缀适量花灌木，形成自然、优美的景观效果，总体上强调植物景观的连续性和层次感。

停车场绿化的功能性远大于观赏性。在停车场绿化设计中，植物的选择和配置可以乡土乔木为主，采用乔、灌、草相结合的复层种植形式。一方面在保证绿化面积的前提下将成本进行了合理的管控，另一方面也方便了后期的维护。停车场边缘种植大型乔木，为车辆提供了庇荫保护，并起到隔离防护和减噪的作用。适量色叶灌木的栽植也能提高了场地布局的活力，使停车场绿化景观在保证功能性的前提下更具观赏性。

第四节　城市道路附属设施设计

城市道路附属设施是指在道路中能够为人们提供服务的各类公用服务设施，其主要类型可以分为道路照明设施、道路标识设施、街道家具及其他设施（公交车站、电话亭、休息座椅、雕塑、邮筒、报刊亭、垃圾箱和公共艺术品等）。

城市道路附属设施设计是道路景观设计非常重要的组成部分，也是城市道路这一线性空间的细部设计，在一定程度上完善了道路的功能，为居民和游客传递了城市文化和信息，并体现了居民对生活品质的追求，成为连接人与道路空间的特殊纽带。作为展现城市风貌和形象的公共服务设施，道路景观附属设施应该具有公共性、艺术性、整体性和可识别性。

一、道路照明设施设计

道路照明景观是城市景观的重要组成部分，也是城市特色和活力的重要体现。道路照明景观在一定程度上代表了一个城市的整体形象，能给外地游客带来较为直观的景观感受。道路照明一般包括功能性照明和景观性照明两类。其中，功能性照明主要是给行人、行车提供了安全的交通照明条件，保障道路环境的安全性和舒适性；而景观性照明则更侧重于艺术性和装饰性，具有艺术文化特色的灯具造型在白天可以为道路空间增添艺术氛围并体现文化特色，丰富的光源颜色还可以在夜晚营造出流光溢彩的现代都市道路夜景。

（一）照明设施布置的原则

1. 功能性原则

照明设施的布置应先满足功能性需求，保障居民夜间安全出行的需求。在设计过程中，需严格按照相关国家标准，合理选择灯具的布置方式、数量和光源等，以满足视觉要求。

2. 艺术性原则

随着城市的发展，城市道路的照明设施不能只满足功能性要求，更应该作为城市整体的夜间景观来考虑。完整的夜景照明设计不仅可以美化城市外观，还可以连接城市的景观节点，以达到吸引游客、发展旅游业的目的。

道路照明景观在规划和设计时，从灯具的选型到布置方式，再到灯光色彩亮度和强度的控制，均需考虑艺术性原则，注重城市空间布局的协调统一，以及主次的对比和衔接，以便塑造具有个性特色的、美丽和谐的城市夜景景观。

3. 人文性原则

每座城市都有自己的地域特征和文化魅力，因此，在进行城市的照明景观设计时，设计者应树立多元化的地域文化理念，尊重每个地域的历史记忆和文化情感。设计应结合自然环境特征，延续城市的历史文化，并与时代特色相契合，提高城市的可识别性。例如，将中式门楣、花窗、灯笼和古亭等要素与现代城市环境相融合，使城市形成具有中国特色的人文景观。

4. 可持续发展原则

在城市道路照明的设计和运行中，需要充分考虑节能环保问题，坚持可持续发展的原则，提高照明灯具的科技含量，注重城市照明新材料、新光源和新技术的应用，在节约能源、减少光污染的同时，达到亮化城市、美化城市的良好效果。

（二）灯具的选型

1. 灯具的类型

室外照明灯具的种类丰富，主要有高杆灯、道路灯、庭院灯、景观灯、地理灯、草坪灯、水底灯、台阶灯、壁灯、射灯、泛光灯、变色灯、霓虹灯、投影灯、灯带、灯条、彩光砖、球场灯和指示灯等。机动车道照明必须采用功能性灯具（如道路灯），并应根据照明等级、道路形式和道路宽度等选择灯具的光度参数。商业步行街、人行道路、人行地道和人行天桥，以及有必要单独设灯的机动车交通道路两侧的非机动车道和人行道，在满足照明标准值的前提下，宜采用与道路环境协调的功能性和装饰性相结合的灯具（如庭院灯、地埋灯、草坪灯和景观灯等）。

下面简要介绍几种灯具：

（1）高杆灯

高杆灯一般是指高度在 15 米以上的钢制锥形灯杆和大功率组合式灯架构成的照明装置，用于进行大面积的照明。它由灯头、内部灯具电气、杆体和基础部分组成，一般在城市广场、车站、码头、货场、公路和立交桥等处使用。

（2）道路灯

道路灯是在道路上进行设置的，在夜间给车辆和行人提供必要能见度的照明设施。道路灯要合理使用光能，防止眩光。道路灯主要布置在城市的各级干道上，可以改善交通条件，减轻驾驶员疲劳，并有利于提高道路通行能力和保证交通安全。随着城市的发展，道路照明灯的形式也变得多样，可以更好地体现城市的特色。

（3）庭院灯

庭院灯是户外照明灯具的一种，通常是指高度在 6 米以下的户外道路照明灯具，主要应用于城市慢车道、窄车道、广场等道路的单侧或两侧，以提高人们夜间出行的安全性和增加人们户外活动的时间。庭院灯风格种类繁多（如欧式古典、中式古典、新中式、现代简约式等），外形美观，具有艺术观赏性，可美化环境。

（4）景观灯

景观灯又称为装饰性照明灯，在景观设计中应用广泛，造型美观，形式多样。

设计者可以利用景观灯不同的造型、相异的光色和亮度来造景、烘托气氛和渲染主题文化等。

（5）草坪灯

草坪灯是用于草坪周边的照明设施，一般高度为 0.6～0.8 米，灯光柔和，外形美观，也是重要的绿带美化照明设施。

（6）射灯

在道路景观中，射灯主要用于道路内景观小品、构筑物或植被的照射，以凸显各类景观元素。

（7）灯带和灯条

灯带和灯条是一种线性的装饰灯具，质地柔软，可像电线一样卷曲，且发光颜色多变，可调光，可控制颜色变化等，给环境带来了多彩缤纷的视觉效果。灯带和灯条被广泛应用于构筑物、桥梁、水底和植物等处，用于引导方向、装饰外立面和营造气氛等。

（8）埋地灯

埋地灯是埋于地面下的一种照明装置，主要用于装饰或指示照明，因体积较小，应用具有灵活性。

2. 光源的选择

在道路照明设计的过程中，除了需要考虑照明设施的景观性，还应该参照现行道路设计的相关标准，依照道路的分级和功能，选择相应的光源，以确保照明设计符合功能性的原则。目前，户外灯具种类较为繁多，根据光源技术，户外灯具可以分为卤素灯、钠灯、高压汞灯、荧光灯、金属卤化物灯和 LED 灯等。灯具设计必须结合具体的使用位置选择适合的灯具。《城市道路照明设计标准》（CJJ45—2015）中规定，快速路和主干路宜选择高压钠灯，也可选择 LED 灯或陶瓷金属卤化物灯；次干路和支路可选择高压钠灯、LED 灯或陶瓷金属卤化物灯；市中心、商业中心等对颜色识别要求较高的机动车交通道路可采用 LED 灯或金属卤化物灯；商业区步行街、居住区人行道路、机动车交通道路两侧人行道或非机动车道可采用 LED 灯、小功率金属卤化物灯或细管径荧光灯、紧凑型荧光灯。

（三）道路照明景观设计方法

1. 城市道路照明设施的布置方式

城市道路照明设施除了在夜间提供照明，还可以对人们产生一定的诱导性。所谓照明设施的诱导性，是指沿着道路恰当地布置灯杆、灯具，给驾驶员或者行人提供有关道路前方走向、线形和坡度等视觉信息。具有良好诱导性的照明设施就像导向路标一样，可以给行人提供便利，保障行人出行安全。如果照明设施设置不佳，则会对道路的安全性造成一定的威胁。

（1）道路一般区域的照明设施布置

常规的道路功能性照明灯具布置方式可分为单侧布置、双侧交错布置、双侧对称布置、中心对称布置和横向悬索布置 5 种。不同的布置方式分别对应不同的道路横断面、路面宽度和设计等级。例如，单侧布置主要适用于路面宽度不足 15 米的道路，在支路与住宅区道路中往往是首选；双侧交错和对称布置广泛适用于各级道路；中心对称与横向悬索布置则多见于配备中央分隔带的道路，为夜间行车增添安全保障。

（2）道路重点区域照明设施布置

城市道路的重点区域主要为道路的交会处或功能集中区域，应重点考虑。城市道路交叉路口可采用与相连道路不同色标的光源、不同外形的灯具、不同的灯具安装高度或不同的灯具布置方式。

环形交叉路口的照明设施需凸显环岛、交通岛和路缘石，常规照明灯具宜置于环岛外侧。大型环岛应增设高杆灯并确保车道亮度高于环岛。对于重点区域外的次要路段，仍要营造连贯的带状灯光，以引导视线、美化景观。

2. 多层次配光的道路景观照明

在灯光亮化设计中，设计者首先要精心布局各类照明设施，营造出错落有致、层次分明的景观环境。例如，应将道路两侧的路灯、道路交叉口的交通警示灯和广告灯箱等，作为灯光亮化的第一个层次。随后，道路两侧的绿化小品和展廊等应配以灯光配置，构成第二个层次。接着，道路两侧商业建筑的底层橱窗和招牌等应作为第三个层次。最后，道路两侧建筑的立面灯光投射和建筑顶部的大型广告牌等作为第四个层次。

3. 动静结合的照明景观

依据灯光光色的变化和静止来区分，灯光的形式主要可分为静态和动态两种：动态灯光一般可用于较为欢乐、轻松和热闹的地段，如城市广场和商业区地段等；而静态灯光一般用于相对较为庄重、严肃和安静的地段，如居住区周边道路。城市道路空间可以依据场所特征和节假日需求，营造动静结合的多彩亮化景观。在营造靓丽景观的同时，需要注意节约能源，并避免光污染，亮度不宜过高。

二、道路标识设施设计

标识作为一种特定的视觉符号，是城市形象、特征和文化的综合和浓缩。城市道路标识设施主要是指道路中用于信息传递、识别和形象传递的构筑物标识、景点指示牌和指路标志等，便于行人判断自己在城市道路中的位置，随时确定行进方向。它应设置在行人易于观察到的场所，一般可设置于道路的交叉处、立交匝道出入口、隧道出入口等地点，使车辆和行人能够安全有序地通行。完善的、具有人性化和艺术性的道路标识系统，不仅能满足人们在社会生活中的需求，还可体现城市的地域文化特色和精神内涵。作为城市景观的一部分，它还能提高城市环境质量，改善城市形象。

（一）道路标识设施分类

城市道路标识设施依据不同的使用环境主要分为步行导向标识系统和车行导向标识系统。现代城市道路标识系统应具有专业化、规范化、人性化、智能化和环保化等特点。

1. 步行导向标识系统

步行导向标识系统主要是为城市道路上的步行者提供道路及周边相关环境信息（如酒店、公园、商业购物中心、餐饮中心和周边建筑信息等），索引的导向标识设施可提供丰富的信息，其设计样式、风格和色彩等也更为多样。

2. 车行导向标识系统

车行导向标识系统是指为机动车中的人提供道路信息的导向标识系统。这类导向设施主要设置在机动车道周围，为驾驶员和乘客提供导向服务，常见的有道路导向牌、路名牌等导向标识，以及城市特殊地标等实体。

由于车行速度快，人能有效识别的时间短，因此，车行导向标识系统上的信息内容相对步行导向标识系统应较为简单。另外，为使城市交通有序进行，一般城市车行导向系统的设计样式、色彩和符号图案等会采取标准化和统一化的管理。

（二）道路标识设施要素设计

1. 功能

交通标识的作用是提供方向和指引。因此，标牌上的文字和符号易于辨认是最基本的要求。在设计时，设计者需遵循国际统一标准，确保道路标识在不同交通环境中易于辨识。地图和指示牌等应依据视线特点合理布局，置于行人易停留处。同时，在合适高度增设盲文标识，方便视障者获取导向信息。

2. 色彩

标识系统的色彩主要分为两类：一类是已有特定色彩含义的标识，如交通标识中警告和限制类标识应采用相应的国际标准或国家标准进行设置；另一类则是可自由选择设计的色彩，如街道上的人行指路牌和街道地图等，但此类标识设施的设计，色彩还应与周边景观环境相融合，还应考虑使用者的视觉和心理的需求。在实践中，有的国家用不同的颜色代表不同的街道区位，或者选用某种特定色彩表达相应的指向性信息。

3. 形式

随着经济社会的发展，科技不断创新，道路标识的形式日渐丰富。道路标识主要有板式、立柱式、悬挂式、嵌入式等。传统的板式道路标识，可观赏面有限，现代的立柱式多面标识则适合不同角度的使用者观察，除方向信息，还能展示更多的周边其他信息。现代标识系统的载体不再局限于静态类，其他动态电子显示类（如点阵电子屏、发光二极管电子屏、液晶显示屏和电子显示屏）和智能互动类等装置也被广泛运用。

4. 材料

由于城市道路标识设施长期处于室外环境，在选材时需兼顾抗风、防晒和防水性能，应选择坚固易维、经济环保的材料；优选可回收再利用材料，既降低成本，又利于环境保护。常用材料主要有非金属材质的亚克力、双色板、PVC、有机玻璃、木材和砖石等，金属材质的不锈钢、陶瓷金属、锌合金、黄铜和铝板等。

5. 尺度

道路标识系统的尺度需要综合考虑使用者的情况（如驾驶员、行人等），还有标识信息量的多少、标识信息的形式等。另外，道路标识系统的尺度应与所处的位置协调一致，如在大尺度或者完全敞开的道路公共空间中应考虑观者距离与空间特点而相应地增加尺度。同时，应考虑一些人群的特殊需求，如视觉障碍者、听力障碍者、腿部残疾者等。

道路标识布置的高度理当处于人站立时双眼之上，保持在人的平视区域之内，各符号之间保证所需的足够间隔。另外，道路标识布置还应参照一些国家和地方相关设计规范。

三、街道家具设施设计

城市街道家具设施主要包括公交车站、自行车停放设施、电话亭、休息座椅、雕塑、邮筒、报刊亭、垃圾箱和公共艺术品等，兼具休憩和观赏功能。随着信息技术的发展，电话亭和报刊亭这一类公共设施逐渐被淘汰，或者仅作为景观构筑物而存在。街道家具的设计应与周边自然环境相协调，与地面铺装、护栏和照明设施等相互协调、相互搭配，尽量采用整体式设计的方式。现代街道家具正逐步向着标准化、系统化、人性化和艺术化的方向发展。

（一）公交车站

公交车站是典型的城市道路公共设施，古代的驿站是早期公交车站的雏形。随着社会经济的不断发展，公交车站的功能越来越完善，形式也越来越多样，不仅为市民提供详细的公交线路信息和安全便捷的公共交通等候空间，也逐渐成为城市道路重要的景观。

目前，公交车站主要分为两类：一是独立站牌式，二是公交候车亭式。设计者可根据所处地段的道路用地现状、乘客数量和交通情况合理选择车站类型。受地区区域文化和经济发展水平等因素的影响，各地公交站台的设计风格、形式和配套设施等各有特点。

1. 独立站牌式

独立站牌，即临时停车站牌，仅包含路线与站名导向牌，缺乏顶棚、站台设施、候车座椅以及公交宣传海报等配套元素。

2. 公交候车亭式

公交候车亭，通常由遮阳顶、线路站牌、休憩座椅、安全护栏、照明设施、垃圾回收箱和广告展示区构成，是公交停靠和乘客候车的重要交通枢纽。

（二）休息座椅

城市道路上的休息座椅是城市家具中最普遍的组成部分，给人们提供了休息的场所，也是景观中的一道风景。座椅多设在城市广场、街旁游园、步行街内向阳、避风处。在设计时，设计者应选择光滑、少尘、防水和防晒的材料作为座椅材料。

1. 座椅尺寸

休息座椅的首要功能应是满足人们的休息需求，应具有安全、舒适和宜人的特点。因此，休息座椅的尺寸设计应符合人体特征。一般来说，普通座椅的尺寸为：座面高 38～40 厘米，宽 40～45 厘米；标准长度为：单人椅 60 厘米左右，双人椅 120 厘米左右，三人椅 180 厘米左右，靠背座椅的倾角为 100° ～110° 。座椅的结构应牢固，座板通常应设 2 块，板厚应为 3 厘米以上，座板间的缝隙应在 2 厘米以下。在现代景观设计中，座椅的尺寸还可依据艺术造型的需要适当调整，但也需符合艺术造型的需要。

2. 座椅的造型设计

座椅的造型多种多样，可以分为单体型、直线型、转角型、围绕型和群矩型等。不同造型的座椅的特点，如表 4-4-1 所示：

表 4-4-1　不同造型座椅的特点

座椅造型	特点
单体型	可用部分的自然物或人工物，如水墩、石柱等；这种形式的座椅私密性较大，相互间干扰较小
直线型	基本的长椅形式，适合一群人使用，但对两边的人交流有一定的影响；使用者的主动距离约为 1.2 米，常用于道路边界
转角型	这种形式适合双面交流，角度的变化适合人的互动关系
围绕型	适合于单人使用，不适合群体间的互动；当人多时，人与人就会有所触碰
群矩型	这种形式可产生多种子空间，适合不同人的活动需要，灵活多变，具有丰富的空间组织形态

随着现代景观的发展，座椅的造型也更加多样化，规则的几何形和异形的均有应用，为城市道路增添了趣味。户外座椅可与种植池结合，节省空间；可与地面铺装融为一体，犹如从地面生长出来一般；可与雕塑小品结合，既具有使用功能，又富有主题情趣。座椅的颜色和材质也越来越丰富，不再拘泥于铁艺、木材和砖石等传统材料，其他类型的金属、非金属和复合材料等也广泛应用于座椅的设计中。

（三）垃圾箱

垃圾箱在城市道路中属环境卫生设施。在现代城市家具的设计中，垃圾箱不再拘泥于传统形态，而是设计者通过一定的艺术设计手法，使其在满足基本使用功能的同时，与场地氛围结合，体现并强化了空间气氛。

1. 垃圾箱的设置密度

《环境卫生设施设置标准》（CJJ27—2012）中规定，道路两侧或路口，以及各类交通客运设施、公共设施、广场、社会停车场等的出入口附近应设置垃圾箱。垃圾箱应美观、卫生和耐用，并能防雨、抗老化、防腐、耐用和阻燃。垃圾箱的设置应便于废物的分类收集，分类垃圾箱应有明显的标识并易于识别。垃圾箱的设置间隔应符合以下规定：商业、金融行业街道为50～100米，主干路、次干路、有辅道的快速路为100～200米，支路、有人行道的快速路为200～400米。

2. 垃圾箱的设计

垃圾箱的投放口大小应方便行人投放废弃物：箱体高度宜为0.8～1.1米。其设计应与道路其他附属设施统一规划设计，力求使街道家具与城市景观完美融合。另外，随着垃圾分类政策的推行和实施，分类垃圾箱将会更加普及，并列的多个垃圾箱能构成充满韵律感的画面，给设计者更多的想象力。

四、其他观赏性设施设计

观赏性设施主要是道路景观小品、雕塑和景观构筑物等，主要功能是美化城市空间，展现城市特色，一般设置于城市道路景观节点处或商业街区、步行街区等。由于其他功能性设施需满足一定的使用功能，在造型、材料等方面会有一定的限制。

观赏性设施则不同，其主要功能就是美化环境，提升道路品质，增强道路空间的活力和艺术感，设计者在设计时可以有更自由的发挥空间。作为道路公共空间的观赏性设施，应具有明显的公共性、文化特色性和时代地域性，并能与道路整体空间相融合。另外，公众参与性也是目前景观设计重点关注的部分。从设计到最后的使用，设计者都应将公众参与贯穿其中，使观赏性设施真正成为大众所需要、所喜欢的公共艺术品。

第五章　城市广场环境设计

本章为城市广场环境设计，主要介绍了城市广场环境设计的基本要求、城市广场与周边建筑和道路的组合、城市广场的绿化和色彩设计、城市广场的水体设计和城市广场的地面铺装和小品设计。

第一节　城市广场环境设计的基本要求

一、关注人在广场空间中的行为心理

城市广场的形式及其设计原则一直伴随着城市社会生活的变迁不断地变化着。以往中世纪的宏伟、庄严、象征中央集权政治和寡头政治的“君主权力至上”的设计方法，具有强烈秩序感的城市轴线系统，由宽阔、笔直的大街相连接的豪华、壮阔的城市广场，为极少数贵族们的生活带来了满足和快乐，也给他们提供了一种前所未有的城市体验，当时的这种设计理念迎合了贵族和统治者的心理需求。在工业革命时期，城市经济迅猛发展，“技术至上”的设计风潮席卷而来，但这一时期的人们过于注重城市的物质形态和空间结构，忽略了居民的情感和生活需求。城市的设计、布局、规模乃至美学考量，本就应围绕大众需求展开。在“以人为本”的现代社会，我们在进行城市环境设计时，更应把大众需求放在第一位，将尊重和关怀融入城市空间的每一寸“肌理”，让设计回归人本初心。

置身于广场空间，个体间的生理、心理和行为差异显著，但从宏观视角审视，共性同样存在。依据美国心理学家亚伯拉罕·马斯洛的需求层次论，人类需求可被精炼为 5 个层次，即生理需求、安全需求、社交需求、尊重需求和自我价值实现需求。此理论深刻揭示了人的重要性。城市广场，作为人们活动的舞台，设计

应以“尊重人、关心人”为核心理念。那么，设计如何回应这些多元且深刻的需求呢？一般可以将人的空间行为归结为几大类别：

（一）群聚性

大多数人都愿意往人群中集中，拥有不同文化、年龄和爱好的人相聚在一起。在广场空间中，可能出于同一行为目的或具有相同行为倾向的人三三两两地聚集在一起。人在活动时有以个体形式的出现，也有以群体形式出现的，按人数可分为：

1. 个人独处

个人独处，活动范围小，如看书、休闲、健身等，个人独处一般需要相对较安静的空间。

2. 特小人群

一般以 2～3 人为一群，活动范围较小，如下棋、谈话、恋爱、争斗、看书等，这部分人群占广场空间人数的多数。

3. 小人群

3～7 人为一组，活动范围较大，如聚餐、祭祀、运动、小组活动等。

4. 中等人群

7～8 人不超过 10 人，活动范围更大，如开会、聚餐、健身、娱乐等。

5. 较大人群

几十人以上，一般多见于有组织的活动，如健身、开文艺晚会、商业促销等。

广场上的人群人数、构成、活动内容和参与度各异。活动性质多样，既有有目的的活动，又有无目的的活动，既有主动参与，又有被动参与。探究人们在广场空间中的行为心理，能够为设计者提供更多以人为主体的思路。

（二）依靠性

人类在空间中的分布并非均匀，而是更倾向于聚集于既能提供开阔视野又便于自我防护的地点，如大树荫蔽下、廊柱边侧、台阶角落、墙壁之畔或是小巧的建筑装饰周围。这种行为倾向或许根植于我们的祖先在野外择地休憩的智慧——为了安全，他们很少在开阔地带休憩，而是以岩石为伴，以土坡为依，或以大树为靠。心理学家就人的“依靠行为”有更深刻的阐述：“从空间角度考察，‘依靠性’

表明，人偏爱有所凭靠地从一个空间去观察更大的空间。这样的小空间既具有一定的私密性，又可观察到外部空间中更富有公共性的活动。人在其中感到舒适隐蔽，但绝不幽闭恐怖。”[①] 所以，在广场设计中，设计者应充分考量并满足人们对空间“依靠性”的需求，精心布局，让每一块休憩之地都能成为人们心灵的港湾，人们无论是坐着还是站立，都能找到一份踏实和依靠。

（三）时间性

人们在特定环境中活动时，会受到多种因素的影响，如时间、季节和气候等。人们一天、一周乃至一年的活动都会随着季节的更迭而显著变化，而对时间的利用也因文化差异而异。例如，由于中午时分阳光炙热，人们往往不在此时段外出，而更愿意选择在早晨或傍晚时分前往广场散步或进行体育锻炼。在强烈的阳光下，人们通常会寻找阴凉的地方休息。而在寒冷的冬季，人们则更倾向于在温暖的阳光下享受片刻的温暖。因此，在设计时，设计者必须考虑人们的心理需求，尽量适应人们在不同时间的需求。

（四）领域性

领域性是生物界中人类和动物的一种空间需求特征，他们借此来满足生存和繁衍等基本需求。在实现这种需求的方式上，人类和动物有明显的区别，具体来说，二者的防御方式和对领域的控制程度不同。人类的领域性不仅涉及生物需求，更包含了社会需求。相较于动物，人类在环境中的领域特征更为复杂，领域使用范围也更广。科学家奥尔特曼认为：“领域表明了个体或群体彼此排他的、独立的使用区域。”[②] 阿尔托曼也对领域提出了定义：“领域性是个人或群体为满足某种需要，拥有或占用一个场所或一个区域，并对其加以人格化和防卫性的行为模式。”[③] 总的来说，人们的需求塑造了领域的特质，即排他性、控制性和一定的空间范围。例如，人们倾向于选择一个相对私密且视野开阔的半封闭空间，营造一种亲密且和谐的氛围，以便与亲人和朋友相处。人们尽管喜欢交往，但又不太喜

① 何靖泉．广场景观设计 [M]. 北京：兵器工业出版社，2019.

② 欧阳丽萍，谢金之．城市广场设计 [M]. 武汉：华中科技大学出版社，2018.

③ 杨东江，杨宇．中国美术设计分类全集 设计基础卷 21 世纪环境艺术设计教程 [M]. 沈阳：辽宁美术出版社，2013.

欢与陌生人保持过于亲近的距离。服务设施如座椅的布局需考虑人们的社交习惯，过近的距离可能会使一般性交往的朋友和陌生人间产生不必要的紧密交往。因此，在设计广场这一公共空间时，设计者应充分考虑公共空间的层次、人们行为的多样性和公共空间的使用性质，以打造出富有“人性化”且具有丰富层次的广场空间。

（五）人际距离

在日常生活中，人际互动至关重要，无论是与对于陌生还是对于熟悉的人，人们都会维持适度的关系并采取恰当的交往方式。一旦有人打破了这种平衡，就可能导致双方感到不自在和紧张。人类学家赫尔根据人际关系的密切程度和行为表现，将人与人之间的距离划分为：密切距离、个人距离、社交距离和公共距离4种。

1. 密切距离

当两人之间的距离为0～45厘米时，被定义为小于个人空间。这样近的距离接触，通常只存在于关系极为亲密的人之间，如正处于热恋阶段的情侣之间、夫妻之间和家人之间。而在广场这一公共场所，如果两个素不相识的人处于这般距离，则会让双方都觉得不自在。在这种情况下，人们往往会避免交谈、减少眼神交流或者刻意保持一定的身体距离来坐，以此达到心理上的舒适和平衡状态。

2. 个人距离

如果两人之间的距离维持在76～122厘米，则这一范围恰好与个人空间相契合。在此距离内，人们进行交谈时的声音恰到好处；且在此距离内，人们可以清晰地捕捉到对方脸部的细微表情变化，也能有效地规避不必要的身体触碰。这种距离更常见于熟人间的对话场景，如朋友间的闲聊、师生间的交流和亲属间的叙谈。

3. 社交距离

社交距离通常为122～214厘米。在这个范围内，人们能够清楚地观察到对方的整体姿态和周边的环境状况。在人流密集的广场上，当人们选择坐在长椅上休息时，他们往往会维持至少这样的距离。如果距离过近，他们就会选择站立，以避免个人空间受到侵犯。

4. 公共距离

公共距离为366～762厘米，甚至更远。这一距离范围通常适用于演员或政治家等公众人物。当他们在舞台上与台下观众进行互动时，他们常保持这个距离。在这个距离内，观众可以自由地停留或离开。

设计者深入剖析人的行为心理，对于广场的设计具有至关重要的指导意义。设计者还需要考虑，由于不同国家、民族的文化传统、宗教信仰、性别和职业背景等多种因素的影响，人们的行为心理表现呈现出显著的差异性。

二、挖掘地域文化，彰显城市广场个性

地方特色主要涵盖社会特色和自然特色两个方面，其中，社会特色是城市广场的设计要优先考虑的。设计者需将当地丰富的历史文化元素巧妙地融入广场的设计构想之中，使广场设计与当地的风土人情相契合，进而彰显城市的独特魅力，防止出现各地广场千篇一律、缺乏辨识度的现象，增强城市的凝聚力和对游客的吸引力，给人们留下深刻且独特的印象。以哈尔滨市为例，这座城市因独特的历史背景而拥有别具一格的建筑风格。典雅的哥特式建筑、豪华的欧式建筑以及造型独特的俄罗斯木屋等，充分展现了哈尔滨市的独特风采，不仅提升了其知名度，还提高了城市的文化层次。

自然特色同样至关重要。设计者在设计时需充分考虑当地的地形地貌和气候条件。由于不同地区的自然环境存在显著差异，包括气候、地形和自然景观等，因此，设计者在对每个城市的广场进行设计时都需要考虑当地独特的交通布局、周边建筑、日照情况和风向等因素，充分挖掘并利用城市的地形地貌特征，结合现有的自然景观和树木，根据地势的高低变化来规划广场的布局和形式，力求使广场与周边的城市环境融为一体，达到“虽为人作，宛若天成”的境界。

在新西兰奥克兰广场中，建有代表当地土著文化的雕塑，鲜明地突出了新西兰的历史文化。大连的“海之韵”广场是一个结合地形地貌而设计的典范。该广场占地面积为3.8万平方米，背山临海，追求自然、返璞归真的风格特色。

三、追求经济效益，走可持续发展的道路

城市广场被誉为“城市的客厅，市民的起居室”。在进行广场规划设计时，

设计者不仅要关注人的使用需求、生态环境的舒适度，也需要考虑经济效益。一个设计得当的城市广场在满足城市居民的休闲娱乐需求之余，还能刺激周边的经济活动，包括旅游业、生态产业、商业活动和交通，进而为整个城市的经济发展贡献力量。此外，它还能有效提高城市的知名度，推动城市向现代化和国际化的方向迈进。所以，在设计时，设计者应兼顾经济效益和社会效益，不但要注重近期利益还要注重远期效益，以局部利益和整体利益并重为原则。设计者应充分考虑广场的性质和使用功能，切不可将交通广场设计成休闲广场，这样不仅不会疏导交通，反而会因人流拥挤导致交通堵塞，影响货流和物流的运转，造成经济损失。广场的布局要合理，广场不可设在远离人烟的城市郊外等人们难以到达的地方，而应设在城市中心或者街区中心等交通发达的地方。在广场的周围可设置人们需求的经济项目，并使其效益与市民的公共利益相平衡。广场并非越大越好，要根据其所在地区和使用功能的不同，合理规划广场规模的大小，否则一味地追求规模宏大，不但不能提升广场的经济效益，还会给人们造成空旷、冷清、荒芜，甚至恐惧的感觉。此外，如果密集的居民区已经形成，没有可规划的大量场地用于建造大型广场，则不可强迫式地修建广场，从而迫使大量市民被迫动迁到其他地方，造成经济损失和土地资源的浪费，使自然生态资源遭受破坏。一些广场虽然空间不算大，但功能明确，目的性强，使人感到亲切和自然，充分体现了人情味。

位于沈阳南北金廊轴线上的沈阳市政府广场占地面积为 66 280 平方米，广场中央建有“太阳鸟”主题雕塑，象征着沈阳源远流长的历史文化。该广场每天的人流量可达到万人以上，有效地带动了周围的房地产业的发展。生态优先是现代城市建设的重要原则，城市广场应结合不同功能，设计多种绿化空间，提高城市的环境质量，最大化地发挥生态效益。

四、突出主题，使城市广场更具吸引力

任何一种性质的城市广场都应当具有特定的主题。广场的设计主题因广场的用途和功能而异，如纪念性广场、休闲娱乐广场、交通疏导广场和商业活动广场等。每个国家、民族和地区都有风格各异的广场布局，这主要归因于广场各自独特的地形地貌、丰富的历史文化和鲜明的风土人情。

在确定城市广场的定位之前，设计者需要对该城市的自然环境、文化背景和经济发展状况进行全面且深入的了解，对这些信息进行提炼和总结，精心构思出一个既能反映城市地域特色、文化底蕴，又能体现时代风貌的主题和相应的设计风格。

在塑造广场特色方面，如雕塑、地面铺装、喷泉设计、公共设施、照明和绿化等“符号”元素的设计成功与否，均起着至关重要的作用。设计的灵感应当综合当地的地域特色、民俗风情、历史文化背景和经济发展状况等多种因素。成功的广场雕塑不仅能给人们带来强烈的视觉冲击和情感共鸣，还能有效地传达广场的主题。不同的历史时期对设计者提出了不同的要求，为设计者提供了不同的创作内容。例如，在欧洲中世纪，城市广场上的雕塑以展示君主个人形象和宣扬君主制统治为主题。而现代广场雕塑的题材则更为丰富多样，有的表现人间亲情，也有的反映人们对自然和休闲娱乐生活的向往。此外，在选择广场雕塑、地面铺装、喷泉和公共设施等的材质时，设计者应尽量避免单一地使用磨光大理石和玻璃钢等常见材料。此外，广场的护栏、垃圾箱和电话亭等设施在造型上也应当具有独特性和创新性。

综上所述，城市广场的设计应当强调城市的地域特色、文化内涵、时代气息、整体协调性、艺术美感和趣味性。唯有定位精准的广场，才能生动展现城市的脉络和精神，进而形成具有独特魅力和强大吸引力的空间。

第二节　城市广场与周边建筑和道路的组合

一、城市广场与周边建筑的组合

城市广场往往是由四周的建筑所环绕而成的，这些建筑成了广场的基本组成部分，并使广场成为一个视觉上的亮点，清晰地界定了广场的空间范围。同时，周边的建筑和景观设计也能反映一个城市的独特风貌，并蕴含着丰富的城市生活韵味。广场与其周边的各种元素紧密相连，共同构成了空间结构的关键部分。因此，在设计城市广场的过程中，设计者不仅要专注于广场本身的主体设计，还要全面考虑与之相邻的各种客体元素。

只有当广场空间的边界完全封闭时，人们才能体会到强烈的整体感和安全感。大多数封闭式广场都是由周围的建筑物所环绕形成的。广场的空间尺寸和周边建筑物的高度都会对广场的围合感产生影响。此外，广场角落的处理方式也是形成围合感的重要因素。

（一）广场空间尺度与周边建筑界面高度

关于这方面已有众多专家的理论和实验，依据多数专家的理论，做以下介绍：

设周边建筑围合界面的高度为 H，人与这些建筑物之间的距离为 D，随着 D 与 H 比值的变化，围合感也会相应发生改变。

当 D ∶ H=1，即垂直视角为 45° 时，这个比例是全封闭广场的最小空间尺度。在这种比例下，人们可以清晰地欣赏建筑的细节。这样的设计能够带来强烈的封闭感，使人们感到安心，并赋予广场空间以较高的内聚力和防御性。这种小尺度的封闭空间广场常见于庭院式广场，以及欧洲中世纪的一些经典广场设计中。

当 D ∶ H=2，即垂直视角为 27° 时，这个比例是创造封闭性空间的极限。但是，作为观赏建筑全貌，此角度较理想。

当 D ∶ H=3，即垂直视角为 18° 时，这时，人们不仅可以观赏一个建筑物，还可以观赏到建筑群的背景。然而，如果视角低于 18° ，广场周边的建筑立面会显得如同平面的边缘，无法形成有效的围合，导致广场空间失去封闭感。在这种情况下，人们会感到空旷甚至荒凉。

一个优秀的城市广场设计要兼顾周边建筑的高度和广场面积的协调。如果广场面积过大而周边建筑高度不足，则容易导致广场与周边建筑之间的关系疏远，难以形成有效的封闭空间。相反，如果广场面积过小而周边建筑高度过高，则虽能营造围合感，但会给人们带来一种压抑和不安全的感觉。此外，设计过程必须遵循政府的相关规定，设计者不可随意为之。

（二）广场空间的角度处理

广场空间角度的处理对于广场的围合效果同样起着关键作用。广场围合界面开口越多，围合的效果就越差；周边建筑物多且高，并且广场空间封闭性好，围合的感觉就越强。当然，随着时代的发展，人们对空间的认同也在不断地变化，但其宗旨还应是以人为本。下面就一些常见的广场空间组合关系进行分析：

1. 四角封闭的广场空间

（1）道路从广场中心穿过四周建筑

这种设计尽管在四个角上实现了封闭，但道路从广场中央穿过并连接四周的建筑，导致广场空间被分割得支离破碎，使广场的整体空间难以形成凝聚力。为了避免这种情况，设计者应该尽量保持广场周边建筑物风格的一致性，并且在广场的中心位置放置一座较为壮观的雕塑，以此来强化广场空间的整体性。

（2）道路从广场中心穿过两侧建筑

这种设计尽管在四个角上实现了封闭，但由于道路穿越广场中央，将广场分割为两部分，同样破坏了广场的整体空间感，造成了视觉上的混乱无序。

（3）道路从广场中心穿过一侧建筑

当道路从建筑物的一侧延伸至广场时，尽管广场的四个角依旧保持封闭状态，但这种布局清晰地界定了主次区域，从而赋予了广场一种强烈的内部凝聚力。这种设计能构成一个相对封闭的空间形式。

2. 四角敞开型广场空间

（1）四角敞开格网型广场空间

四角开放式的广场空间通常出现在格网型广场设计中。这类广场的特点是道路从四个角引入。这种设计的缺陷在于道路将广场周边的建筑的四个角打开，导致广场与周边建筑物分离，进而造成广场空间的分割，使广场空间的封闭性和宁静氛围减弱。

（2）四角敞开道路呈涡轮旋转形式

采用涡轮旋转形态穿越广场的设计，其独特之处在于当行人从道路步入广场时，建筑墙体便成为一道引人注目的景观。尽管这种布局下广场的四个角是开放的，但其仍营造出一种强烈的整体包围感。

（3）两角敞开的半封闭广场空间

当四周围合的界面的其中一个被道路占用时，就形成了两角敞开的半封闭广场空间。在半封闭空间中，往往与开敞空间相对的建筑起着支配整个广场的作用。此建筑又称为主体建筑。为了加强广场的整体性和精彩感，设计者可以在广场中央安置雕塑并以主体建筑为背景。此类广场设计优点，是当人们由外面进入广场空间时，人们既可以欣赏广场内的主体建筑的宏伟壮丽的景观，又可以观赏广场外的开敞景色。这类广场在国内外有许多例子。

（4）圆形辐射状广场空间

圆形围合界面广场空间，一般均有多条道路从广场中心向广场四面八方辐射。有较强的内聚力。

巴黎星形广场汇合 12 条大道，建筑围绕着广场周边布置，形成圆形围合界面。以凯旋门为中心，将所有的建筑凝聚在广场周围。大连中山广场，是圆形围合界面的广场，共有 10 条道路通过广场中央向周边辐射，使广场与周边建筑共存。此广场是集文化娱乐兼交通道路引导于一体的复合型广场。

（5）隐蔽性开口与渗透性界面

广场与周边建筑的另一种围合关系，是通过拱廊、柱廊的处理来达到既保证围合界面的连续性，又保证空间的通透性的效果。实践证明，人们并不总是希望在完全封闭或与外界隔离的空间里逗留。在追求安静和安全的情况下，人们愿意与广场外界保持联系。此种设计给人们的这种心理要求提供了可能性。古代希腊人利用规模宏大的柱廊作为广场的围合界面，一排排整齐、有节奏感的石柱将空间紧密地围合在一起，这种强烈的视觉冲击力，在给人们带来了装饰美感的同时又能保持建筑的围合性和完整性，更重要的是使空间具有通透性。此外，柱廊式广场功能的另一个优点是可以起到通风避雨和遮阳的作用，特别是在气候炎热的地方，尤为适合。这方面可供参考的例子有许多，最具代表性的是梵蒂冈圣彼得广场。该广场为梯形加椭圆形，长 340 米，最大直径为 240 米，周围采用罗马塔斯干柱廊环绕。人们站在广场中不禁为它的宏伟壮观而感叹，为它精湛动人的艺术而折服。

（三）广场整体空间组织

在广场设计过程中，人们的考量范围不能只局限于广场空间构造，更应将广场与城市中的各种相关因素纳入设计之中，进行更为全面、综合的考虑和规划。广场设计应被视为整体空间设计中一个不可或缺的部分，通过将多个不同形式的公共空间巧妙地组合在一起，形成一个和谐、统一的广场空间体系。这些公共空间之间的组合形式不管是规则的还是不规则的，都共同构成了城市中有序且具有明确方向性的整体空间。在这方面，欧洲的城市广场规划尤其出色，为业界树立了典范。例如，罗马的圣彼得广场巧妙地运用轴线设计手法，将方尖碑广场、鲁斯蒂库奇广场、列塔广场和圣彼得大教堂等多个关键节点连接在一起，形成了一个有序、完整的空间。此外，法国南锡广场和星形广场的轴线设计同样精彩，它们同样通过轴线设计手法，基于主轴线将每个广场巧妙地连接在一起，创造出一系列富有变化且引人入胜的空间序列。

二、城市广场与周边道路的组合

通向广场的道路的连接关系及与广场连接的角度可分为：三角网络、扇形网络、四边形网络、矩形网络和侧翼网络等。

广场周边的道路布局及其特性对城市广场的形象、功能，以及人们的活动空间环境有着直接影响。道路是影响广场设计的众多因素之一。在设计城市广场的道路时，设计者应以城市规划为指导，综合考虑广场的性质等多种因素，进行全面规划。

在城市外部空间的程序化设计中，设计者的首要任务是规划那些主要的、人流量大的道路，同时要考虑其他可能的人流活动路径，确保人们无论在哪个流线上行进，都能观赏到一系列有序、完整且连贯的视觉场景。外部空间序列组织概括如下：沿着一条轴线向纵深方向逐一展开，沿纵向主轴线和横向副轴线作纵、横向展开，沿纵向主轴线和斜向副轴线同时展开，做迂回、循环形式的展开。

设计者采用轴线布局手法可以明确空间的方向，使整体空间在视觉上更加统一协调，有序且富有变化。而设计者采用迂回和循环的布局手法，能够营造出一种自由流动、连续不断的空间感受，体现一种动态的视觉美感。

第三节　城市广场的绿化和色彩设计

一、城市广场的绿化设计

一套完整的城市广场设计应当涵盖广场周边的建筑物、道路和绿地等的规划设计。广场的绿化设计作为整体规划不可或缺的一部分，能为城市居民提供宜人的休闲场所，提升广场的美观度。更重要的是，绿化设计有助于提高广场的生态环境质量，为人类生活提供必要的绿色空间，为城市生活注入活力。

经过科学实验证明，一棵树冠直径为 15 米、覆盖面积为 170 平方米的老桦树，白天每小时生成氧 1.71 千克，每公顷该树林每天供氧 10～20 吨。绿化覆盖率每增加 10%，气温降低的理论最高值为 2.6%，在夜间可达 2.8%，在绿化覆盖率达到 50% 的地区，气温可降低将近 5℃。由此不难看出广场绿化的重要性。在进行广场绿化设计时，设计者需要考虑广场的具体状况以及其所承担的功能和具有的性质等因素。例如，纪念性广场的主要功能在于满足人们集会、联欢和瞻仰的需要，此类广场一般面积较大。为了保持广场的完整性，道路不应横穿广场内部，要避免影响大型活动，保证交通畅通。广场中央不宜设置绿地、花坛和树木，绿化应设置在广场周边。该类广场的布局应采用规则式，不宜大量采用变化过多的自由式，以此创造一种庄严、肃穆的环境空间。现今，广场的功能正朝着复合化发展。即便较为庄重的纪念广场，人们对它的功能也有了更多的期待。在不改变广场本质属性的基础上，设计者可以借助绿地划分出具有不同层次的领域空间，给人们带来一个既宁静又富有变化的休息环境。此外，为了调和广场的氛围并增添美感，设计者可以在广场上布置色彩雅致的花坛、造型精致的草坪和错落有致的绿篱等元素，使广场的空间层次更加丰富。

有些广场为了在冬天也有绿化效果，采用大量的常青翠柏作为绿化。但这样一来，如果人们走进广场就会感到过于压抑、拘谨和严肃。

休闲空间的设计理念应秉持“人本至上”的哲学，以绿色为主调，构建和谐生态。这类广场须具备大面积的绿化，整体绿化面积至少占据总面积的 1/4，可以为城市居民提供多元活动空间；绿地设计富有层次感，能够划分出大小不同、开放与私密并存的空间环境，如可供情侣私语、友人畅谈的静谧角落。在整体绿化设计中，高大的乔木如卫士般矗立，低矮的灌木如绿毯般铺陈，整齐的草坪与色彩斑斓的花卉交相辉映。水景的设置与小动物的放养更能增添这类广场的生机和活力。这样的设计可以形成错落有致、层次丰富的空间组合，将人们带入一个开阔且富有诗意的自然画卷中。当人们踏入这片广场，人们就仿佛置身于茂密的森林、柔软的草地和宁静的湖泊之间，享受着鸟语花香带来的愉悦。这样的合理绿化不仅美化了广场环境，还为人们提供了遮阳避雨的场所，有效减少了噪声污染和地面辐射热的影响，进一步改善了广场的小气候环境。

交通广场的功能主要是组织和疏导交通，因此，汽车流量非常大。为了减少汽车尾气和噪声污染，保持广场空气清新，种植大量花草树木可以达到良好的吸尘减噪的效果。另外，设置绿化隔离带可采用一些低矮的灌木、草坪和花卉，树高不得超过 70 厘米，以避免遮挡驾驶员的视线，保证行车安全，起到调节驾驶员和乘客的视觉作用。绿化布局应采用规则式，图案设计应造型简洁、色彩明快，以适应驾驶员和乘客的瞬间观景的视觉要求。广场中央可配置花坛起到装饰广场的作用。

绿化组织形式可分为规则式和自然式两种形式。

规则式组织特点是庄重、平稳。如果处理不当，则易造成过于单调的感觉，应适当加以变化。

自然式绿化组织特点是生动活泼，富有变化。如果处理不当，则易造成杂乱无章的效果。设计者应考虑统一树种、花种，将色彩统一在总色调之内。不建议在交通广场上使用自然式绿化组织形式，因车速快，不利于人们的视觉转换，会给人们造成不安全的感觉。

二、城市广场的色彩设计

城市广场的色彩设计并非孤立存在，需要与周遭环境色调相互融合，彼此映衬。在设计广场时，设计者应当考虑城市的历史背景，避免出现广场色彩与周边建筑色彩不协调的情况。合理运用色彩，是展现城市广场整体美感的关键途径之一，成功的广场设计应当包含一个主色调以及若干辅色调。观察欧洲众多城市广场，不难发现，其附近的建筑物大多数并非与广场同步建成，而是历经世纪更迭，逐步形成了封闭围合的广场空间。这些建筑与广场早已融为一体，其色彩更是承载了深厚的城市历史文化。为延续历史文脉，再现往昔风貌，设计者在设计城市广场的色彩时，应尽力保留原有建筑的传统色彩，让每一抹色彩都成为讲述城市故事的独特语言，彰显出城市独有的历史文化底蕴和韵味。被誉为世界广场设计经典的“欧洲最美丽的客厅”圣马可广场，其地面铺装和周边的建筑均采用石材质，形成了统一、和谐的米黄色主旋律，使人们感受到如画般的广场景观和城市悠久的历史文化底蕴。

广场的色彩选择应与广场的功能和特性相匹配。纪念性广场的色彩应偏向庄重，以此传递出庄重、稳定的氛围，要避免色彩繁杂。而商业广场则可运用丰富多彩的色彩，以符合商业广场的商业性质，激发消费者的购买欲望。而休闲广场的色调应当营造出一种温馨、惬意且富含文化气息的环境。

广场的色彩不仅是美观的体现，更是衡量一个城市现代文明水平的重要标志。在现代城市建设中，广场的设计往往融入了各种新材料、新技术和新工艺，同时受到多种因素的影响。广场如果缺乏科学的色彩规划和设计，随意使用色彩，那么反而难以营造出统一且和谐的视觉效果。美国色彩学家阿波特提出，色彩的统一性和一致性是实现和谐的关键。为了在多样的色彩中实现这种和谐统一，需要关注两个主要方面：首先是广场色彩与周围自然环境的协调，其次是广场内部各个元素之间色彩的协调。只有当广场的色彩协调统一时，才能真正反映城市的现代文明水平，并为城市居民带来愉快和舒适的体验。

第四节　城市广场的水体设计

除了在生态系统、气象变化和工程建设等领域具有巨大的价值，水还对人类的生理健康和心理健康具有深远影响。

自古以来，人类对水总是怀有深厚的情感。人们总是会抓住每一个机会去亲水、近水和戏水，享受水带来的乐趣，以此与大自然建立更紧密的联系。水的不同状态能够引发人们多样的心理反应：平静的水面会给人们带来宁静、平和、轻松和温馨的感受；汹涌的水流则会激发人们欢愉、兴奋和激动的情绪。无论是轻柔的溪流潺潺，还是汹涌波涛的猛烈冲击，这些声音都极具魅力，让人沉醉其中。

城市广场如果融入了水元素的设计，则其活力便能显著提升，同时使空间层次更加丰富。水作为城市广场设计中的亮点，拥有极高的可塑性，具备可静止、可活动，可发音，也可以映射周围景物等多重特性。精心构思的水景设计无疑能为城市广场带来无可比拟的迷人风采。

一、城市广场水体设计的必要性

我国的传统广场与人们当下理解的广场存在显著差异。几千年来，中国的城市、村落，以及皇宫、庙宇等各类建筑常常在入口前方精心布置水池、溪流、喷泉或水井，以此吸引人们的注意力，进而形成可供围绕交流的广场和集会场所。最初，城市广场与自然水体景观（比如河流、小溪、水井等）各自独立存在，互不干扰。然而，在社会和文化环境的影响下，设计者开始有目的地将城市广场与自然水体景观融合在一起。尽管这些早期的自然水体景观在形态和功能上与现代广场的水体景观存在显著差异，甚至不能完全被称为广场水体景观，但它们展现了广场水体景观的初步形态，并为日后广场水体景观的发展奠定了坚实的基础。

不管是在传统的广场设计中，还是在现代城市广场的规划中，水景设计始终扮演着至关重要的角色。水赋予空间以灵动和活力，无论是静止的水面、流动的水流，还是跌宕起伏的水景，都能有效吸引人们的注意。设计者巧妙地运用各种形式的水体来引导广场使用者的行为，以实现预期的互动效果。以静水为例，它能够映照出周遭的环境，捕捉天空、光线、影子、风、雨，以及花、草、树木瞬息万变的姿态。水中倒影与自然景象相互辉映、交织融合，能够使人们在其中感受到自然的多样性和丰富性。同时，这种设计也使广场与其所在的城市环境和谐统一，增强了城市整体的美感。

通过巧妙的结合灯光和音乐，并利用水体景观形态上的虚实变化、动静结合、高低起伏和隐现交错的特点，设计者能够在城市广场的空间中创造出一种独特的视觉和触觉体验。这样的设计不仅形成了广场整体与局部之间的形、色、肌理效果，还能使人们感受到城市广场水体景观的独特魅力和时代感。在城市广场的设计过程中，设计者可以采用模拟自然景观或重塑特定意境的手法，利用静态的水面打造出一个休闲活动的场所，供人们欣赏水的美。同时，结合灯光照明技术，设计者还可以打造出迷人的城市夜间景观。城市广场的水体景观设计丰富了城市的整体景观结构，美丽的水景变成了衡量城市现代化程度的重要标准，是一座城市繁荣兴旺的象征。

在当代城市规划中，广场上的水体景观与其他形式的水体景观相似，均属于城市公共空间中的水景类别。它们均以水为核心元素，并与其他设计元素相结合，共同塑造城市景观。水体景观作为城市景观设计中的一个亮点，已成为被重点打造的景观。城市广场，被誉为城市的“会客厅”，其水体景观的设计更是具有至关重要的意义。

二、水体景观与城市广场要素间的关系

当广场中有水体景观存在时，城市广场的设计就必须对城市广场中水与广场的体量、构图方式和建筑主体风格等各个要素进行综合考虑。

（一）水体与广场融合构图及面积量化

水体在城市广场中，主要有点状、线状和面状几种水空间形式。

点状：点是空间中一个相对的概念，没有长、宽、高和方向。点状的水空间在城市广场中一般表现为小面积景观水池，以及开凿的泉眼和水雕塑。这类构图形式的水空间能够在一定范围内形成视觉中心点，容易使空间产生领域感和内聚性。

线状：线是由点运动而成的，具有联系、划分和指导空间的作用，城市广场中线型水空间多为狭长的流线型、带状的水面。此类水空间的特点是能充分体现水在空间中的流动性，易成为视线和空间焦点，有明显的引导性、方向性和两边渗透性。

面状：面是由线展开而成的，是限定空间的三维体积，具有明显的形状和边界。这样的水空间面积较大、形态规则，可以形成较大范围内的视觉景观中心。

城市广场水体景观设计的关键是借助点、线、面的构图手法，使水体与广场之间形成面积上的对比，并确保水体景观的规模与周边环境相协调。这意味着在设计水体景观时，设计者不仅要关注水体景观在平面上的尺寸，还要综合考虑该空间所占据的面积比例，以及该空间的高度、宽度、深度等多个维度的要素，以实现该空间与环境之间的和谐关系。

（二）水体与广场主体建筑渗透

水体与城市广场主体建筑的渗透关系一般表现为三种类型：临水型、傍水型和入水型。

临水型：这种类型的建筑仿佛是水域中的一幅画面，尤其在中国古典园林中表现得淋漓尽致。在国外现代建筑中，流水别墅便是这种靠近水边型建筑的典范。不过这种设计在城市广场中并不常见。

傍水型：这种类型的建筑与水体之间通常通过道路和绿化形成一定的间隔，但从视觉角度来看，水体与建筑物之间依然存在一定联系。这种设计巧妙地将建

筑与水体分隔开来，于特定距离和角度自然过渡建筑内外空间。在城市广场中，这种傍水型的设计方式较为常见。

入水型：此类型的建筑通常直接建造在宽阔的水体上，类似于半岛或湖心岛。由于水体面积较大，建筑物仿佛漂浮其中，成为水体的焦点，并具有很强的标志性。在规模宏大的城市广场中常常可以见到这种入水型的设计。

总的来说，每一种类型都能够造就出独具特色的城市广场风格，让水体与建筑相互映衬，相得益彰。不管是阳光照耀下水面闪烁的波光，还是夜晚灯光与建筑倒影，共同营造出的梦幻般的感受，都独具魅力。

（三）水体景观形式与城市广场场所感

水体景观的形式繁多，要想让水景在城市广场中充分发挥作用，就必须思考水景的形式与广场场所感之间的关联。在城市广场中，水体主要有以下几种形式呈现：

第一，作为广场主题。以水体为核心，其他元素和设施都围绕这个水体来布局。以美国的达拉斯喷泉广场为例，该广场水面面积占到了广场总面积的70%，各种喷泉及数百棵树木点缀其中。水池依照地形呈阶梯状排列，形成了落差明显的瀑布。当人们在栈道上行走时，水流与台阶相互撞击发出潺潺的水声，给人一种漂浮在水面上的错觉，这不仅拉近了人们与自然的联系，更激发了人们无尽的想象，让人们沉醉其中。

第二，作为局部主题。此种形式下的水体只是广场空间中的一隅，或者是广场某一个局部空间的焦点。以波特兰市演讲堂前的广场为例，那里的水体景观与茂密的树林、雄伟的水瀑和粗犷的混凝土地面相互映衬，勾勒出一幅动人的自然画卷。飞流直下的瀑布和延绵不绝的山脉，让人仿佛置身于真实的自然之中。

第三，作为辅助、点缀。这种水体景观不仅具有装饰点缀的作用，更在指引方向和传递信息方面发挥着重要作用。以日本筑波下沉广场的入口水体景观为例，其入口处的流水沿着石块逐级而下，缓缓汇聚，最终在广场中心形成喷泉，吸引着人们步入广场。

水体景观的形式在城市广场场所感的塑造中起着至关重要的作用。那么，究竟什么是“场所感”呢？凯文·林奇对此提出了他的看法，他认为场所感源自那些真正向公众敞开怀抱，欣然服务于空间内每位成员的地方。这些地方赋予使用者极大的集会和行动自由，并允许公众适度介入其使用和发展。换言之，场所感是一种总体氛围，揭示了人与环境之间的关联，彰显了人们存在于世间的存在尺度和精神寄托。其核心的意义在于，无论是对时空的认知构建，还是精神构造和价值观的联结，人们都能深切感受到自己归属其中。

水体景观设计的核心目标是为活动人群创造一种独特的空间体验。不同的水体设计手法能够营造出各异的场景氛围，从而激发人们的情感共鸣。尽管城市广场的水体景观仅被视为城市景观的一个构成部分，但它发挥着城市与民众间的互动桥梁作用。在广场中活动的每个人都会与周围的景观产生某种形式的互动，而水作为一种自然的元素，总是能引起人们的兴趣和关注，引导他们停下脚步，参与其中，体验这种与自然和谐共生的美妙时刻。

三、城市广场水体景观的作用

（一）增进人与广场环境的和谐关系

人类与环境之间存在着一种不可分割的紧密联系，人性化水景设计以人为核心，将人的行为模式视为环境设计中不可或缺的考量因素，设计宗旨是促进人类与城市广场环境之间的和谐共生。人们对广场空间的需求呈现出多元化的特征，这些行为心理因素无疑会对环境的构成和设计产生深远影响。水景的巧妙布置正是为了满足人们对于广场多功能空间的实际需求。然而，在物质需求之外，人们在内心深处更加渴望精神层面的满足和历史文脉的融入。因此，人性化水景设计更应肩负起完善人们精神世界的重任。例如，法国巴黎蓬皮杜中心广场的喷水池设计独具匠心，将怪诞、新奇与后工业风格的雕塑与喷泉巧妙融合，宛如一座城市文化的缩影，映射出都市新的精神追求。

优秀的城市广场水景设计关注人们的实际使用需求，也顾及人们的心理感受。这样的设计能够使人们在广场环境中真正感受到行为心理的满足和审美情趣的提升。尽管水本身无色，但在设计水景时，设计者通过巧妙利用沉积在人工湖底的湖石、水池底部的图案和周围的环境色彩，依然可以为水景增添丰富的色彩。水的无色反而为其色彩的变化提供了无限可能，再加上水如明镜般的倒影效果，更是极大地丰富了人们对于水景的审美体验。水景的倒影不仅为人们提供了一种直观且易得的审美享受，还极大地丰富了景观环境，激发了人们的想象力。这种转变不仅调动了人们的视觉效应和心理感官，还使水景成为一种独特的审美愉悦来源，这也是水景审美作用的重要组成部分。

城市广场是公共艺术的表演舞台和民众生活的交流圣地。人性化水景设计将通过感性与理性、直觉与思维的有机结合，以独特的艺术内涵和审美情操向公众展示了积极向上的审美情趣。究其根本，人与广场的和谐共生并非仅限于行为的满足，更在于一种集体空间精神的滋养。精心打造的广场水景正是人类通过改造生存环境，以换取心灵深处精神满足的智慧结晶。

（二）完善城市生态系统的建设

水作为一种自然存在的元素，在调控局部环境湿度和温度方面展现出显著效能，且其释放的负离子对人体健康具有诸多裨益。具体而言，这些益处可归纳为如下几个方面：

1. 调节局部空间气候

水具有一种独特的物理性质，即无论水体以何种形态存在，均对构建有利的小气候环境发挥着积极作用。具体而言，水在蒸发过程中可以吸收热量，在夏季能有效降低周边环境的温度。水还具备出色的热稳定性，能够在冬季发挥出色的保温效能。较小规模的水体能够有效改良邻近区域或特定地段的微气候；而较大面积的水体则能够对整个区域的小气候产生显著影响，乃至对该区域的环境温度和大气湿度产生影响。

2. 消除噪声，净化空气

水在营造城市环境中扮演着多重角色，其功能不仅限于湿润空气、净化空气质量，还可以有效缓解噪声污染。水体能够作为物理屏障，阻挡噪声的传播路径，以自然流水声覆盖并减弱人工噪声，从而营造出一种相对静谧的外部空间氛围。喷泉和瀑布等动态水体是自然界中极为高效的空气离子发生器。这些水体的高速运动加速了水分子的分解过程，进而释放出大量的空气负离子。科学研究显示，在喷泉开启与关闭的不同时间段内，其周边环境的负离子浓度差异可达惊人的 140 倍。鉴于此，经过合理规划和设计的水景区域，不仅能美化城市景观，提升城市形象，更成为城市居民最为青睐的休闲之地。

3. 构成城市水体生态圈的组成部分

水对于维持生物多样性，调节局域整体生态系统的平衡有举足轻重的作用。生态型水景区是城市与自然环境之间典型的生态过渡区域，具有丰富的物种多样性。在城市规划中，生态型水景区往往与城市广场水景、滨水区和河道绿廊等元素有机结合，共同构建一个复杂且完善的城市水体生态系统。

（三）丰富城市景观，提升城市形象

城市广场是都市文明风貌的缩影，作为城市空间的重要组成部分，展现出极高的艺术魅力。在广场水景的设计中，设计者应融入特定的地域文化，以体现人类在社会历史进程中积累的物质和精神成果。文化是人类在生存过程中的心理需求的直观表现，具有地域性、历史性、民族性和宗教性等多元特性。同时，还因地理环境、宗教信仰等存在差异，不同区域形成了各具特色的环境文化。

德国思想家韦伯率先采用发生学的研究方法，阐释了各地区文化差异及其合理性问题。他指出，不同文化地区的合理性特征差异显著，人们会依据各自的价值观念和目标确立相应的合理化标准；从不同视角审视同一事物，该事物的合理性可能截然不同。城市广场作为公共空间，其辨识和构建程度与人的精神结构和价值观念紧密相连，人们在时间和空间上能够深刻感知这一空间，这是场所感地域性和文化性得以体现的关键所在。水景设计在塑造场所感的地方特色、独特性和直观性方面发挥着重要作用。人性化的水景设计能够彰显场所精神，其艺术感染力是地域文化传承的体现。

水景设计在整个广场规划中占据了核心地位，发挥了标志性的主题效应。其柔和的水态打破了广场硬质铺装的生硬感，通过实与虚、不同材质间的对比，生动展现了传统与现代交织共生的创意火花。因此，整个空间更像是一个标志性建筑，一个观看的对象，一个唤起回忆的地方，一个心灵的场所。

（四）增强了广场活力和人的参与性

水作为活跃城市氛围的关键要素，对于城市的整体风貌具有显著提升作用。在城市景观中融入了水，不仅能为城市增添诗情画意的浪漫气息，而且能丰富城市景观的层次结构，为城市居民提供更多亲近自然、享受自然的机会。水源自自然，其纯净、透明的特质赋予人们亲切、平静和清新的审美体验。水体的动态变化万千，既有飞珠溅玉的磅礴气势，又有平静如镜的优雅姿态，还有韵味无穷的倒影效果，潺潺流水之声更令人心旷神怡、赏心悦目，引发了人们的无限遐想。因此，在城市广场的设计中，引入水体景观是营造生动活泼空间、创造欢乐氛围的重要手段，为城市居民提供了美的享受和欢乐的源泉。

广场承载着人们交往和聚集的功能，是城市公共空间的汇聚点，广场设计必须充分考虑人的需求，体现公共空间的参与性和亲和力。水景设计就很好地契合了这一需求，特别是在展现亲和力方面，人的亲水性特征得到了充分体现。相较于传统水景设计，现代水景设计更加注重主体的大众化，强调人的参与和体验。人们天生具有亲水性，喜欢与水保持较近的距离，这种体验往往能够激发人们的兴奋感。

水景设计的公共参与性主要体现在行为活动与水景的互动关系中。心理学家亚伯拉罕关于人的需求理论在水景设计中得到了体现，即“以人为本”的设计原则。其中，亲水性正是 5 个“需要”的综合体现。水景艺术不仅要满足人们的艺术观赏需求，还要注重人的参与价值。法国里昂的泰罗广场水景就是一个很好的例子，其主体雕塑喷泉与建筑相互呼应，且巧妙地将喷泉设置在一侧，面向建筑，从而扩大了公共活动空间。其余大面积空间则由花岗岩方格组成，每个方格内都设置了一个小型喷泉，并结合喷水技术和灯光效果，营造出水在石面上轻轻滑过的美妙景象。灯光的瞬时照射引发水花的即时反射，伴随着水蒸气的迸发，光线与水花之间精准同步，组成一个水的森林。这一设计与城市中的喧嚣环境形成了鲜明的对比，营造出自然纯净的氛围。

四、城市广场水体景观设计的原则

（一）功能性原则

城市广场水景设计的考量，深刻植根于对广场使用者需求的细致分析之中，从而使功能性成为设计环节不可或缺的核心要素。一个优秀的设计方案，必须全方位地契合人类活动的功能性需求。在城市这一特定的空间语境下，设计者需敏锐捕捉广场访客的目的性和对水景景观的期望和要求，如人群聚集的时间规律、访客的社会阶层分布和文化背景差异等。这些细致入微的观察和分析，对于构建一个真正服务于人的广场水景至关重要。在设计实践中，设计者应着重营造一种使广场活动者感到身心舒适的氛围。功能的完善不仅体现在对基本需求的满足上，更在于那些不经意间触动人心的细节处理。例如，在水景周边合理布置休憩座椅，充分考量水池边缘的高度设计以避免潜在的安全隐患等。

（二）时代性原则

城市的演进与时代的步伐紧密相连，城市环境面貌烙印着鲜明的时代特征。在现代中国社会，人们对继承优秀传统文化的重要性有十分深刻的认识，此举旨在强化民族内部的凝聚力，更在于绵延不绝地传递中国悠久且辉煌的文化血脉。因此，在城市广场水景观设计的构思和实践中，深刻体现文化的承继性和文脉的连续性尤为重要。设计需精准捕捉时代进步的律动，同时巧妙融入对城市文化艺术遗产的尊崇和传承，力求在令作品呈现当代精神风貌的同时，能体现历史的醇厚韵味。通过分析众多国际化大城市的演变轨迹，我们不难发现，无论历经何种变迁，这些城市均竭力守护并彰显着各自独特的历史文化特色。一个真正成功的环境艺术作品，应当具备跨越时代的生命力，拥有长期留存的价值，这正是环境艺术的“时效性”。

（三）接受性原则

城市广场的活动核心是人类主体，水景观设计旨在服务大众，因此，探究其如何能被更广泛的社会群体所接受显得尤为重要。作为现代都市的居民，人们已不再单纯满足于基本的生活需求，而是迈向了更高层次的精神追求。现代人的教育背景、文化素养、科技创新能力和艺术鉴赏力均呈现出显著提升的趋势，这对水景设计提出了更高的要求。现代社会的多元化需求促使艺术作品须具备雅俗共赏的特性，同时，要紧跟时代潮流，满足现代人对于新颖性的追求。为符合现代城市的形象要求，广场水景观需要具备简洁性和抽象性的特征。此外，水景观设计须具备与公众互动的特性，确保公众能够接触并参与其中，以此获得大众的认可。

（四）整体性原则

城市环境是一个复杂的系统体系，各类环境要素在统一主题的引领下被有机地整合在一起，体现了环境的整体性和统一性特征。作为城市环境不可或缺的一部分，水景广场也应当充分融入这一系统之中。在设计水景广场的主题时，设计者应依据周边环境的实际情况，并结合具体需求来确定水景观的表现形式。例如，如果水景广场置身于高楼林立的城区环境中，则其设计应采用更多现代且时尚的材料，并倾向于简洁、明了的形式。同时，广场内部各构成要素的布局亦需谨慎考虑，以确保它们与广场内的其他元素保持协调。此外，设计者要关注水景观的装饰风格是否与整个广场的氛围相吻合，以及大型水景观在视觉上的连续性和衔接性是否完善。水景设计在广场环境中的整体把握可从以下维度得以体现：

1. 空间结构秩序

在公共空间的整体空间布局和秩序构建中，水体布局方式于水景设计中扮演着重要的一环。水体可被巧妙地运用为空间的主要结构，这一理念在我国悠久的园林艺术中得到鲜明地展现。传统园林将水视为贯穿全园的主线，与之相辉映的是错落有致的亭台楼阁、石径小桥和葱郁林木。现代城市更是将水的多样形态和特性展现得淋漓尽致。此外，水体还被用作强化空间秩序的轴线元素。水景的丰富形态及其所蕴含的文化内涵，往往使其成为广场空间中的视觉焦点和核心主题。通过对水景进行适当的引导和铺垫，设计者可以巧妙地营造出空间秩序的高潮点，使整个公共空间在层次和节奏上更加饱满和生动。

2. 空间氛围

不恰当的水景设计会削弱整体空间环境的和谐性，而巧妙的水景布局则能显著强化空间特性并提升其感染力。各类空间因氛围的差异，对水景表现形式的要求也各不相同。在宁静的场地或富含特殊文化意义的场所中，水景设计倾向于采用平和、静谧的表达方式，旨在进一步烘托环境的幽静和庄严。在人流密集、氛围活跃的公共场所，水景设计更倾向于展现活泼、热烈的特征。动态的水流、欢快的喷泉等形式能够激发人们的情绪反应，让人们在紧张的生活中得以放松。

3. 环境风格

水景所处的环境是水景表现的背景，水景表现的风格应与周围建筑的风格、广场设计的风格保持整体上的协调一致。在后现代风格的意大利广场中，水景设计常常采用相应的隐喻手法。水从中间拱卷凹进去的盒内发源，沿跌落的踏步流入水池，曲廊里从源头发出的水流则代表意大利的 3 条河流。一个优秀的水景作品如果与环境风格不符，则会失去其应有的艺术效果。

（五）地域性原则

即使在当今信息高度流通、多元文化深度交融的背景下，地域性原则依然是城市环境艺术创作不可或缺的导向。中国，作为一个拥有悠久历史与丰富民族多样性的国度，城市建筑及广场艺术作品应当体现中华民族的传统文化和鲜明的地方风貌，这是区分并彰显不同城市广场特色的关键。我们强调地域性原则的重要性，但这并不意味着排斥外来元素，而是倡导“立足本土，兼容并蓄”的创作理念。每个城市独特的文化背景和历史积淀，孕育了该城市独有的文化氛围。在广场设计理念和水景观的营造手法上，这种地域差异尤为显著，特别是在南北、东西的地域对比中体现得更加淋漓尽致。我国南方地区的公共空间水景设计往往注重层次分明的布局和空间感的营造，绿化植被丰富。而我国北方城市的广场设计倾向于打造更为平坦、开阔的空间，区域划分简洁、明了，形成了独特的城市广场风貌。

我国国土辽阔，地域发展呈现显著多样性，自南向北、由东至西，气候条件、地理环境、城乡结构和社会风俗习惯等均展现出巨大的差异性。这种复杂的区域国情要求设计者在设计广场水景时，必须深刻认识地域性因素的特殊性。鉴于我国各地区在气候条件、降雨模式和地下水位等方面存在显著差异，水景设计应秉持因地制宜的原则，避免盲目模仿。在设计过程中，设计者需对广场所在区域的气候特征、人文风貌和周边环境进行全面的了解，兼顾宏观环境因素对水景观的影响，充分考虑当地居民的利益诉求，以及南北、东西不同地域文化背景下的文化差异。具体而言，设计者应从物质层面和精神层面两个角度出发，深入挖掘地域特征的构筑要素，以此为设计广场水景观的基础。

地域差异和水文化多样性构成了全球文化艺术瑰宝孕育和发展的基石和驱动力。在城市公共空间规划中，融入地域特色或传统文化的人工景观设计，能够显著提升城市居民的归属感。随着全球化步伐的加快，城市面貌趋于同质化。作为城市风貌的集中展现平台，广场的形态和特性日益受到社会各界的广泛关注。作为广场不可或缺的组成部分，水景观的设计亦受到了前所未有的重视。水的运用和地域特征紧密相连，能够映射城市的历史脉络和文化底蕴。经济实力雄厚的城市倾向于采用与国际接轨的设计理念，广泛运用“国际化”设计手法。而那些文化底蕴深厚的城市则更倾向于通过自然水景与人文景观的巧妙融合，展现自身独特的文化韵味。无论是何种形式的水景设计，均能对外来游客产生环境识别效应，深化他们对城市形象的记忆和印象。

（六）参与性原则

在现代城市广场的水景设计过程中，一个关键性问题是如何促使更多的人参与，以此赋予公共空间蓬勃的生命力和深切的人性关怀。这也是现代水景设计与我国传统水景设计的区别所在。此处“参与”的内涵远不止于简单的观赏层面，而是对水的亲身体验和互动。设计应致力于在广场中营造多种人与水亲近的场景，包括近水、亲水、戏水和用水等，使观赏者与水景建立起紧密的联系。为了实现这一目标，设计者需巧妙地减少人与水景之间的隔阂。同时，观赏者与水之间保持视觉或触觉的亲密关系，对于拉近两者之间的心理距离具有至关重要的作用。因此，在水景设计的各个环节中，设计者均需充分考虑人的活动尺度和需求，以确保设计具有强烈的亲和力和安全感，进而激发人们进行自发性的活动。

（七）多样性原则

在现代社会中，人类需求的多元化、心理状态的易变性和行为模式的复杂性，共同促使现代城市广场的水景设计呈现出丰富多样的形态，以适应并满足公众广泛且多维的需求。水景设计的多样性，不仅体现在水景的形态变化的繁复多姿上，还体现在选用材料的广泛性、表现形式的创新性和设计风格的独特性之中。水景的多样性通过多种途径得以展现：既有以供观赏为目的的静谧水景，也有供人嬉戏互动的动态水景。当城市广场中融入了多种形态和风格的水景设计时，这一空间便拥有了更大的包容性和吸引力，使具有不同偏好、不同需求的个体均能在其中找到与自己心灵相契合的水景形式。

（八）节水原则

如何高效地利用有限的水资源，以创造出尽可能丰富且多样的景观效果，已成为我国水景设计的一大关键问题。现代水景设计在这一挑战下，探索并实践了多种创新性的表达手法，具体体现在以下几个方面：

第一，在水景的形态设计上，设计者倾向于采用既具有强烈视觉效果，又对水量需求相对较小的设计形式。例如，雾喷泉和旱喷泉等新型水景设施，在公共场所中不仅能有效吸引公众的注意力，展现出独特的视觉魅力，还因其新颖、刺激的设计而充满时代气息。此外，设计者将水景与雕塑、小品等艺术元素相结合，可以进一步丰富景观的视觉效果，提升景观整体的艺术美感。

第二，具有隐喻意义的水景设计大部分能够以更少的水量，表达出丰富且蕴含深意的文化内涵。这类水景往往蕴含着特定的文化象征或地方特色，采用巧妙的视觉设计，使观众能够轻松理解其背后的深层含义。在现代水景设计中，越来越多的作品开始注重文化与地方特色的融入，使水景不仅是一种视觉享受，更成为一种文化传承和表达的载体。

第三，除了形态和隐喻意义的设计，现代水景设计还深入挖掘了水的各种物理和感官特性。这些特性的充分利用不仅使水景设计更加多元和生动，也极大地提升了观众的感官体验和情感共鸣。

第四，有效利用雨水。随着城市化进程的迅猛推进，大规模的建筑物和道路系统的构建显著加速了城市不透水覆盖面的急剧扩张。这一变化直接导致雨水径流量显著上升。如果单纯秉持迅速排放雨水径流的理念，而不采取任何缓解措施，那么，所需雨水管道系统和雨水泵站等基础设施的容量规模和传输效能势必将面临前所未有的挑战，这无疑给城市建设和维护增添了沉重的负担。此外，随着公众环境意识的日益增强，人们开始意识到，城区雨水的快速排放不仅加剧了接纳水体的洪水风险，还可能导致河岸遭受严重侵蚀，并给水体带来更大的污染物冲击负荷。这一系列连锁反应使人们从另一个维度对传统雨水排放理念的有效性提出了质疑和反思。广场作为城市中常见的开阔空间，其面积往往较为庞大，因此，在下雨时产生的雨水径流量也相对较大。当前，绝大多数广场普遍采用硬质铺装材料，这些材料使雨水难以在广场表面滞留，而是迅速流向周边环境。与此同时，城市地面广泛铺设的沥青路面使大量雨水快速汇聚并流向道路，对城市交通系统构成了影响。鉴于此，如何高效地利用雨水资源，并将其巧妙地融入城市水景观设计中，成为一个亟待设计者解决的问题。

在美国俄勒冈州波特兰市，一项街道绿化改造项目于西南第 12 大街实施，该项目巧妙地将街道雨洪管理和再利用策略融入步行区设计之中。此项目代表了城市雨水自然利用的创新实践。通过精心挑选的植物种类构建了一个集雨水收集、滞留、净化和渗透功能于一体的综合系统，同时营造出和谐自然的城市景观。该设计的独特之处是一系列看似平凡的植物种植池。街道上的雨水通过池边精心设置的30厘米宽入口流入池内，土壤以每小时10厘米的速率渗透雨水。当池内水位达到15厘米时，多余的雨水将通过等宽的出口溢出至相邻街道，并依次流入后续种植池。种植池内成排栽种的本地灯芯草在雨洪管理中发挥了关键作用。灯芯草挺拔的植株形态有效减缓了雨水流速，而强大的根系则能高效吸收水分。叶片自然倾斜的角度不仅美观，还巧妙地固定了落入池中的落叶、枯枝等杂物。此外，蓝果树因耐潮湿和耐干旱的特质及秋季绚丽的叶色，被设计者慧眼识中，作为景观焦点树种植于显眼位置。为了进一步提升设计品质，该项目还融入了诸多细节处理。例如，在种植池雨水入口处安装的装饰性沟壑状格栅，既美化了地面景观，又自然引导雨水进出种植池。

这一水处理理念的创新应用，为未来广场水景设计提供了宝贵启示。设计者可以借鉴此模式，通过设计跌水景观，将植被以层级叠加的方式植于池中，形成错落有致的水景效果。在降雨时，雨水自上而下流经各级植被池，为植物提供了最为适宜的生长环境。在我国部分城市，一种融合了落水元素和植被生态的水景观模式正处于试验性应用阶段。此设计模式不仅借鉴了欧洲古典园林的韵味，还巧妙地融入了现代审美和时代特征，展现出独特的艺术魅力和生态价值。通过植被对水分的有效吸收和随后的光合作用，这一设计促进了自然界的生态循环过程，成为生态设计理念在实际应用中的又一典范。然而，鉴于植物根系通常具有深广蔓延的特性，如何做到既确保景观整洁美观，又保证植物的健康生长，对设计者的规划能力来说是相当高的要求。此外，在具体实施过程中，各级植被池的尺寸设计、排水管的安装位置及其功能配置等后续设施细节，均需经过更为细致的推敲和完善。

五、城市广场水体景观设计要点

（一）与广场空间场地相融合

1. 结合广场地形空间

（1）上升立体式广场

上升立体式广场空间通过设计营造出一种仰视的视觉体验，赋予观者以崇高且独特的审美感受。在水景设计中，设计者往往充分利用上、下两层空间之间的立面高度差异，巧妙地将水体设计成瀑布或悬挂式水帘等动态形式。

对于采用上升式设计的立体广场空间而言，设计者常常借助上、下两层空间的高度差异，将水景设计成水帘和瀑布等多种形态类型。这些水景往往成为广场的视觉焦点，承载着广场的文化内涵和象征意义。因此，在运用此类水景时，设计者必须根据广场的具体环境条件和所要表达的精神内涵，因地制宜地将水景与广场空间相融合，以创造出既美观又富有深意的景观环境。

（2）下沉式广场

下沉式广场以独特的俯视视角构成了引人注目的视觉景观，为城市居民带来了一种生动且愉悦的心理体验，近年来在城市规划中得到日益广泛应用。在这一类广场设计中，设计者将水景巧妙地置于广场中央是一种常见的做法，此举有效地缓解了下沉空间可能引发的压抑和闭塞感，赋予空间以灵动和活力。在下沉式广场中，水景设计多为喷泉或与水池相结合，以此作为下沉广场的视觉中心，不仅能够吸引公众的注意力，还极大地增强了整个广场空间的凝聚力和向心力。

在实际的水景规划与设计实践中，广场的高差处理并非仅限于简单的上升或下沉，而是更多地呈现出多层次、多维度的地形变化。这就要求设计者在创作过程中，必须深入挖掘水景的营造潜力，通过灵活运用不同类型、不同规模的水景元素，以及巧妙地调整其布局和形态，来丰富广场的空间层次和视觉体验。同时，设计者将文化因素融入水景设计之中，也是塑造具有独特韵味和深厚文化内涵的水景艺术的关键所在。

2. 结合广场界面或构筑物

在探讨围合广场空间的构成要素时，界面扮演着重要的角色。一般而言，广场的界面可被细分为两大类：硬质界面和软质界面。对于硬质界面而言，水景可以将界面美化，并形成良好的视觉景观，作为广场的艺术屏障或背景，丰富主要活动空间的层次和多样性。

水景同样在软质界面的营造中发挥着不可或缺的作用。特别是当广场的主要空间平面高于其周边地面时，单一的绿化坡地围合已难以满足日益增长的多样化需求。因此，设计者常利用坡地的地形特点，巧妙地将水景融入其中，形成斜坡瀑布的壮丽景象。同时，水景通过与浮雕艺术的结合，进一步增强了流水线条和层次的表现力。

对于广场上的公共建筑而言，为了强化其体量感和视觉冲击力，设计者往往会采用大水量的落水设计进行烘托。此外，水景还能作为广场界面围合空间的有效手段。这类广场往往依托于安静的休息环境或需要遮挡的不雅街面背景，因此，利用水景将其与其他空间进行自然分割，既实现了空间的划分，又增添了艺术美感。

（二）人性化的比例与尺度

1. 广场的平面尺度与水景设计

尺度是指依据特定的标准或参照点所评估的比例大小、涵盖范围或深浅程度。在此意义上，尺度不仅关乎物体物理维度的衡量，更具有比例关系的意义。从空间维度的内涵出发，尺度的调控涵盖两大方面：首先是客观因素的考量，包括人的生理特征、行为习性，以及技术和结构等实际条件；其次是主观精神尺度的融入，这一层面由人的视觉感知和心理状态所决定。在空间水景设计中，对于尺度的把握尤为关键。设计者要兼顾客观尺度和主观尺度的双重考量，以确保水景设计既符合实际条件的制约，又能契合人们的情感体验和审美需求。

在控制水景的尺度关系之前，设计者要明确广场空间的比例关系，这也是水景设计中要慎重参照的因素，如果广场空间比例的效果感知不和谐，就需要水空间进行空间的分隔和要素的引导，利用水的视线阻隔作用去填补大面积铺装的空白。视觉科学理论指出，如果人们不转动眼球，就只能看见很小的范围大约 1°内的精确细节；如果人们把广场的空间内人的位置与广场界面或是中心构筑物的距离设为 N，将广场的界面宽度设为 M，那么广场的平面尺度和水景设计分析，如表 5-4-1 所示：

表 5-4-1　广场的平面尺度与水景设计分析

M ：N	水平视角	视线分析	水景解决方案
1 ：3	20°	视野内的对象非常集中，观察范围非常狭窄，空间具有强烈的压迫感，小于这个视角的空间将缺少广场特征，难以被感知	水景的平面就应沿着广场的轴线适度地开合变化，水面有开有合，水形有曲有直，丰富狭窄的压迫感打破了空间原有景深；或在空间的适当位置设计立体水景，将狭长的空间加以分隔，控制人们的视线焦点，缩短人与围合界面的距离感

续表

M ：N	水平视角	视线分析	水景解决方案
2 ：3	40°	观察者拥有非常清楚的视线通向界面，观察对象在这个视野内显得比较适度，空间略显局促，广场效果比较封闭	近似正方形的广场始终是一种效果较理想的选择，它从各个方向观察都有较好的视觉感受，此时水景的平面设计仅考虑所处空间的大小即可，广场良好的视觉感受也会增加水景的观赏效果
6 ：5	60°	视野内的两个边沿区域已开始显得模糊，但观察者还能准确地把握界面，界面显得宽松大度，广场空间在整体上被界面所限定	
2 ：1	90°	视线已不再能把握整个界面，界面在这种情况下显得异常模糊，广场空间变得非常开放	

2. 立体水景的比例与尺度

传统的经验认为，人的视野决定了观看立体景物的最佳位置，所以，设计者完全可以根据空间的大小控制立体水景的高度。将人与立体水景的距离设为D，将其高度与人眼的高度之差设为H；当平视景物时，如果人不转动头部也能看清楚景物的整体，其垂直视场角度为26° ～30° ，水平视场的角度为45° ，其视点距离景物为景物高度的2倍或相当于景物宽度的1.2倍，如果超过这个视场以外的景物，其整体影像就不能完全清晰地映入人的眼内，因此，人必须转动头部观看，这样就影响景物整体的完整性。其中，视距D与景物高度H之间的一组比值关系充分说明了两者之间比例关系对视觉效果的影响，如表5-4-2所示：

表5-4-2　水景垂直高度的尺度分析

D ：H	垂直视角	视线分析
6 ：1	9°	观察者看到的天空与广场水景的比例关系正好颠倒过来，视野大部分为上方天空，广场空间显得非常开放；如果视距继续加大，则水景焦点作用将逐步消失
3 ：1	18°	观察者除看到整个水景的高度，还收进一部分天空，水景的各种细节融进界面变成整体，空间显得不再完全封闭，这样的观察距离使空间的大小与水景高度的关系非常理想，这一角度也被称为建筑美术的最佳观赏点
2 ：1	27°	观察者可看到整个水景的高度，整个水景成为视觉的整体，空间显得非常封闭，这一角度被称为严格的建筑视点
1 ：1	45°	观察者只能看到广场水景的一部分，趋向于观察广场水景的细节，人有一种既内敛、安定又不致压抑的感觉，空间保持良好的匀称感，这是观察细节的最佳视点

由此可知，D 与 H 关系为 3 ∶ 1 到 2 ∶ 1 是比较理想的，当其大于 6 ∶ 1 时，水景的立体效果会明显减弱；随着空间距离的增加，空间的空旷感随之增加，从而失去水景对空间的限定作用。因此，立体水景的高度设定要是观察者所处广场与观赏点距离的 1/3～1/2，这才是水景高度的最佳点，控制着观察者的最佳视线。

3. 与倒影有关的水景平面尺度

在广场设计中，对构筑物于水体中生成的倒影进行调控是一种巧妙的视觉调控和空间划分的手段。这一设计策略不仅有助于空间的延伸和层次的丰富，还能在整体上促进构图的艺术完整性。为了有效利用水面创造理想的倒影效果，设计者需细致考量多种因素，以确定水面的合理规模。具体而言，水面的大小需依据构筑物的高度和宽度、预期倒影的长度，以及观察者的视角位置和高度综合决定。在确定倒影的长度或尺度时，设计者必须全面分析构筑物本身的大小及其与水面的相对距离，应精心设定视点的位置和视距，以确保观察者能捕捉到最佳视角下的倒影景致。

4. 其他相关比例与尺度

此外，利用适当的高差也能使水景的效果更为显著。在地形中，高差能否营造出清晰且富有层次感的空间效果，主要取决于地形抬升或下降的具体高度，观察者所处位置及其视觉感知尺度。在地理环境中，当地面的一部分被人为地抬升，使其相较于周围环境凸显出来时，这一空间便获得了“提升”的意义。具体而言，当某一区域被抬高至约 150 厘米时，这一空间将展现出一种外向的开放性，让人获得强烈的归属感和开放感。这种适度的抬升对于塑造广场空间的场所感尤为重要，能够使其在环境中显得更为独特和引人注目。如果将地面抬高至 70 厘米或 100 厘米，特别是在使用的材料和纹理与周边环境存在显著差异的情况下，这种空间将呈现出一种相对独立的空间感，但与周围环境之间的联系仍然紧密。

此外，在广场空间的设计中，对于各要素之间间距的考虑同样至关重要。对于水景的立面高度需要进行精心的尺度把控。在特定的空间和场所中，参演物与基本构件之间的距离选择尤为关键。对于同一要素而言，如果间距过小，则可能导致整体呈现出一体化的特征；如果间距过大，则各要素之间的相互连接趋势将减弱。在选择最佳间距时，需要综合考虑水景的特点、场所的环境性质，以及人的使用和心理需求。一般而言，同类要素（如水景）之间的空间相对距离不宜超过 D/H=2，即平面距离应小于两者高度之和。对于不同要素之间的距离选择，如果过小，则可能强化各要素之间的归属感；如果过大，则彼此之间的相关性将变得微弱，从而加强了各要素的独立性。因此，在进行水景立面设计时，设计者除了要考虑水景之间的距离关系，还需要兼顾其与广场上其他构筑物之间的联系。

（三）多元化水景空间的营造

在深入探究人们在广场中的行为模式和亲水心理倾向的基础上，我们发现人与广场水景之间的互动方式呈现出多样化的特征。鉴于此，构建多元化的水景空间能够满足个体对广场水景在行为和心理层面的不同追求，以此实现个性化水景设计。从观赏水景的角度出发，临水和远水两种观赏方式对于空间形态和模式的需求截然不同。

以北京某中心广场的水景设计为例，设计者巧妙地利用地形高差创造了多样化的水景空间体验。远观者可通过楼梯抵达广场中心的制高点，从而俯瞰全景；近观者可通过设计者精心规划的道路和水体分割，步入环境之中。针对近水坐憩行为的不同方式，设计者也对空间塑造进行了特殊设计。水边坐憩倾向于开放性的空间设计，以满足广场中人们停留休息的基本需求，并通过空间的适度围合来平衡私密性和公共性的环境需求。而水中坐憩则对空间的开敞性有着更高的要求，周边空间应无阻碍或具备可供观赏的景观元素，同时要确保空间环境的安全性，避免人们因四面环水而产生恐惧心理。根据人们对广场水景的不同行为活动，多元化水景空间的体现主要分为以下几个方面：

1. 曲线的水岸形态

曲线构造的水池岸畔为水景空间赋予了更为多元化的应用潜力。相较于传统单一的空间形态，曲线塑造的环境存在明显的局限性，难以充分承载和展现多种行为活动的韵味和内涵。曲面水景设计方案的引入，极大地拓宽了水边空间的围合手段，进而孕育出形态各异的景观环境和活动模式。曲面的设计手法凸显出水景的空间特征，会自然引发人们的亲水心理。在这一过程中，开放的景观视线与开阔的视野相得益彰，为游人提供了理想的临水观景和休闲娱乐的活动空间。反之，内凹的水景空间则会产生较强的围合感，这种空间环境更易于使人们放松身心，因而，这是一处绝佳的休息场所。曲面设计所创造的凹凸有致的空间环境，可以为人们带来不同类型的亲水体验。

2. 合理的空间分割

空间多样化的形成是空间围合作用下的必然产物，故而实现优质的空间分隔对于构建多元化的空间布局而言，是不可或缺的策略。就水景空间而论，其分割围合可细分为水面空间和水边空间两大类别。

对于水面空间，设计者常会利用水景基本的构成要素，如景观桥、汀步和水景墙等。水面空间被不同布局的景墙划分为多个大小不同、形态各异的空间。每面景墙的镂空部位和高度存在差异，因此，这些空间在私密性和围合感上各具特色，从而使人们对于不同亲水空间体验的多元化需求得到满足。此外，在较为宽敞的水面空间中，汀步的巧妙设置打破了空旷和单调的氛围，为人们提供了一个活动平台，使得水面空间更具活力和动感。至于水边空间的分隔，除了借助水体的凹凸形态进行处理，更多地依赖于其他景观元素来实现。以日本东京的步行街水边空间为例，种植池的巧妙布局将原本单调的线性空间划分为多个相互交织的小空间，形成了座椅与种植池相依的空间序列。在每个小空间内，设计者运用不同材质的地面铺装，如浆砌卵石和木质平台，进一步明确了空间的界限和分隔。这种设计不仅使人们在木质平台上得以休憩，还能使人们在卵石铺就的空间内近距离感受水体的魅力。由此可见，这些看似简约的空间分割手法，实则能有效地满足人们对于亲水体验的多样化需求。

3. 视景空间的合理组织

景观体验是一个动态的连续性序列。在设计水体景观空间时，设计者需牢牢把握环境整体性的核心理念和空间变迁的动态特性，持续优化环境空间的组织结构。水体景观设计不应局限于静态景观效果在特定固定视点的最优化考量，而应深入探索活动行进中人类行为的动态特性及其对环境的互动需求，旨在实现观赏性和参与性的和谐统一。设计者通过精心策划，可以确保各个水景元素间的连贯性和协调性，将它们融入一个完整且有序的空间序列之中，从而在行进过程中营造出良好的动态景观体验。这一动态效果的实现，得益于对水景观赏路线的精妙规划。

在广场设计中，水流的动态特征能够激发人们的心理期待。随着水流行进的方向，观众将逐一遇见形态各异的水景，这种渐进式的景观变化在一定程度上满足了人们的期待心理。因此，利用水体来引导景观布局成为一种有效的设计策略，即在不同阶段结合视觉节点对水景进行强化处理。例如，水景以线性空间组织为整体框架，通过在起始和结束阶段增添丰富的水景内容，如结合雕塑和喷泉等落水形式，不仅能增强景观空间的可识别性，还能有效把控游客的游览节奏，使他们的路线既有行进也有停留。同时，在水景两侧采用不同的亲水处理方式，既有融合也有分离，能够丰富亲水空间的形式和内涵。因此，水体景观的空间节奏变化不仅显著提升了视觉观赏的效果，还强化了人类心理与行为对水元素的自然亲和力，为广场注入了更加浓郁的人文气息，赋予了水景空间更加蓬勃的生机与活力。

（四）参与性亲水空间的营造

可参与性亲水活动指的是个体不应局限于对水景进行视觉与听觉上的欣赏，而应融入水景环境之中，通过感官体验直接与水互动。构建可参与性亲水空间，旨在为人们提供一个与水亲密接触的平台，便于人们轻松触及水体，从而完全沉浸于水景所营造的氛围内。在广场设计中，可参与性亲水空间的营造主要通过以下几种空间处理手法得以实现：

1. 利用高差营造的亲水空间

在人类亲水行为的驱动机制中，水面空间的渗透性及其形态变化发挥着重要作用。采用地形高差来营造动态水景，以此增强水面空间的层次感和吸引力已成为一种被设计者广泛采纳的策略。广场水景的设计往往需紧密结合广场既有的地形特征，以确定最为适宜的水景展现形式。在实践中，设计者往往通过构建多层次的跌水景观来巧妙地调控地形环境，让每一层跌水空间均能构成人们亲近水体、享受亲水乐趣的理想场所。然而，在追求视觉效果的同时，设计者必须审慎考虑安全因素，确保跌水之间的高度差保持在一个相对安全的范围内，最大不宜超过30厘米。这一设计准则旨在确保人们在进行亲水活动时的人身安全，同时消除人们因高度差过大而可能引发的恐惧心理。在亲水空间的划分上，汀步的运用不仅能有效地划分水面空间，还能因其稳固的结构特性而提供防滑保障。

此外，将台阶融入亲水设计中，也是实现高差亲水效果的一种创新方式。以德国黑森哈特斯海姆集市广场的跌水景观为例，该设计通过台阶的层叠布局，在每级台阶处精心打造出水钵的形态。水流如同山间溪流般沿着阶梯逐级跌落，形成了精致且生动的跌水景观。这一设计激发了人们的戏水热情，成功地将自然水体的韵味融入广场空间之中，从形态、形式到尺度，每一处细节都精准地满足了人们对于亲水体验的期待和需求。综上所述，设计者通过巧妙地利用地形高差变化，可以塑造出丰富多样的流水形式，进而营造出更多可供人们亲近、享受的水体空间环境。

2.“薄水”的设计

人工营造占据了广场水景设计的绝大部分，其中，水体节约利用造景是生态设计理念的重要体现。同时，在探究人类亲水行为的过程中，水源安全问题成为亲水活动设计的主要考量因素，尤其是儿童戏水的安全性。因此，无论从生态设计的视角，还是从亲水活动的需求来看，“薄水”设计理念均是广场水景人性化特征的必要彰显。

一般而言，“薄水”设计指的是水池深度较浅，使人们在亲水过程中能够清晰地观察到池底和水质的清澈，此类水体的深度通常控制在30厘米以下。设计者在设计实践中，常通过池底铺装的纹理变化来强化水质的清澈感和水纹的艺术表现力。例如，美国纽约蔡斯曼哈顿金融广场的水景设计，其大面积的水池中央配置了高度适宜的喷泉，水池采用薄水设计，清澈见底；池底图案与水中自然置石相映成趣，在阳光的照耀下，水波粼粼，引人入胜，激发人们下水体验的欲望。

另一种“薄水”设计形式的展现为旱地喷泉。旱地喷泉在设计中与广场铺装完美融合，使人们能够完全沉浸于水景之中。当喷泉启动时，人们可步入水中嬉戏，尽情享受水景带来的愉悦体验。

3. 要素的叠合

可参与亲水空间的创造主要是指塑造水面的空间，使人们能够在水面空间内多方位地参与戏水。要素叠合作为一种设计策略，并非机械性地遵循既定步骤，而是要求设计者深入挖掘各个构景元素的潜在效能和可塑造性，通过精简且富有创意的组合方式，实现亲水空间景观的多样化。

要素叠合的实施路径可划分为两大维度：

第一，聚焦于水景内部构成元素的整合，包括池底、池壁、水上雕塑和水景桥等，这些元素在发挥各自景观功能的同时，也要与其他功能进行有机融合。设计者通过合理利用某一个要素的景观效应，可以有效替代其他要素或展现出功能的多元化特性。以德国格尔利茨玛丽广场的线性水景为例，该水景采用了硬质化规则式驳岸，与广场的整体设计风格相协调。设计者通过一条狭长的带状水体，巧妙地将广场的前后空间连接起来，虽然整体布局显得颇为规则，但设计者巧妙地在水景中点缀了不同大小的方形石块，这些石块以多样化的组合方式，形成了丰富多变的景观效果与功能。具体而言，密集堆叠的石块构成了雕塑般的存在，将线性水体划分成多个不同的空间；低矮错落排列的石块则成为人们穿水而过的汀步；而三三两两、高低不一的石块组合，则自然而然地成为人们休憩的座椅，无论是过路的孩童还是青年，皆能在此找到乐趣，享受水带来的愉悦感受。这些石块以独特的排列方式，极大地丰富了整个水景空间，尽管整个设计遵循了统一的规则式构图，但充分满足了构景需求与人们参与亲水活动的愿望。在此案例中，石块不仅充当了雕塑的角色，还是汀步和石凳，以一种元素实现了多元化的功能，既简洁又新颖，成为广场上一道引人注目的风景线。这种设计策略不仅体现了设计者对构景元素的深度挖掘和创新运用，也充分展示了亲水空间设计的魅力与无限可能。

第二，水景与其他构成景观元素的融合和叠合，水景与地面铺装、绿化植被和交通流线等景观要素相互交织，共同构建出复杂且和谐的场景。在这样的设计框架下，各个景观组成部分并非孤立存在，而是相互依存。此类设计手法相较于单一元素独立呈现的方式，更有助于从整体上把控广场景观的塑造；不仅展现了各元素间的协调性，还凸显了它们在整体景观构成中的组合性。

4. 丰富的驳岸形式

在广场中，水边是人们进行亲水活动主要的地方，因此，在使更多人参与亲水活动的方式中，常见的方式之一是丰富的驳岸形式。

（1）水景边界的模糊

降低水景的边界设计旨在提升亲水活动的参与度，使水景的边界不再是传统意义上高耸于地面的池岸形态，而是巧妙地与广场铺装相融合，二者在高度上趋于一致，无明显落差。以往，水池岸高于地面，这种设计明显地将水景空间与周边环境相隔离，导致人们产生与水体之间的疏离感，进而削弱了人们亲近水体的心理倾向。为解决这一问题，设计者通常会采用前文提及的浅水式驳岸处理方式，即设置台阶延伸至水体中，以便人们近距离接触水面，进行嬉戏等活动，从而显著提升水景的亲和力。传统驳岸主要扮演水体容器的角色，是分隔水体与外部环境不可或缺的要素，水体在驳岸处被限制并被截断，因此传统驳岸不具备水流通过的特性。而“有水驳岸”是指水体能够自然流经驳岸的设计，这种设计丰富了驳岸的艺术表现力。在此情境下，驳岸依然承担装载水体的功能，但通常会结合排水暗沟等构造，在驳岸下方设置排水系统，以实现水体的流动。对于此类驳岸的设计而言，材质的选择至关重要，需充分展现水体的特性，模拟并呈现水纹的质感。一方面，设计者可以采用具有凹凸变化或浮雕形式的材质，通过与水流的相互作用，形成丰富的纹理变化，并在驳岸外侧底部配置排水装置；另一方面，设计者也可选用光滑的材质，这种设计手法有效地模糊了水景的边界，使水体得以完全融入广场空间，从而极大地激发了人们参与水景环境的欲望。

（2）采用诸如石凳等景观元素增强空间亲和力是提升驳岸空间亲水特性的有效手段

这些石凳往往会自然融入景观构成之中。具体而言，一方面，将石凳与喷泉巧妙结合，不仅能赋予水景空间以更加生动、有趣的动态特质，还能显著提升整体景观的吸引力。石凳以有序的方式排列，巧妙地划分了水体的边界，形成了一系列既独立又相互联系的子空间。在这些被分割的空间内，设计者巧妙地运用了卵石和规则石材进行铺装，进一步丰富了空间的层次感。此外，每个小空间内部还通过条石的运用，实现了更为细致的空间分隔，营造出一种既私密又开放的坐憩环境，吸引着人们不由自主地驻足停留、休憩赏景。这种驳岸的复杂分隔手法，不仅为原本单调的水景增添了别样的景观效果，还使整个空间充满了趣味性和探索性。另一方面，石凳与台阶驳岸的结合也是其应用形式的又一重要体现。水景的台阶式驳岸能够使外界场地很好地融入水景空间，合理地打破台阶的规则性。设计者适当地增加组合石凳，借助简单手法获得良好的亲水效果。

（3）另一种常使用的驳岸形式——“伸入式”亲水驳岸

即驳岸的形式不仅是围合水体边界，更能变换平面形式形成“亲水平台”。这种“亲水平台”往往利用艺术的构图原理组合多个平台，使亲水空间产生丰富的变化。

5. 水景的立体性和趣味性

水景的形态设计突破了传统平面布局的框架，巧妙地融合建筑物和雕塑等构成元素，创造出了立体且动态的水景空间。为确保人类活动能够自然融入此类水景之中，立体水景的设计须具备适当的高度，如水帘或雕塑化的水体构造等，要预留充裕的空间，以便人们能够无障碍地在其中穿梭体验。

（五）水景设施的安全性和良好维护

人性化水景设计的核心亮点，首先体现在安全性能方面。这涵盖了水体本身的妥善管理，包括及时的淤泥清理和合理种植具有净化功能的水生植物，以此来提升水体的自我净化效能。其次，水景设施的其他组成部分，如池底结构、驳岸设计和水边步道的铺设等，均需在安全尺度、材料选用和色彩搭配等方面进行精细考量。

安全设计是水景设施的首要条件，而后续的精心维护则是确保景观持久魅力的关键所在。再出色的设计方案，如果缺乏妥善的后期维护，那么也终将被人遗忘。因此，人性化水景不仅要求各个设计元素既安全又合理，更需注重设施的长期维护，以确保水景艺术的恒久绽放。同时，优质的后期维护是保障水景设施安全性的重要一环。

第五节　城市广场的地面铺装和小品设计

一、城市广场地面铺装

在广场设计中，铺装无疑是一个举足轻重的环节，它不仅承载着实用功能，还兼具着装饰艺术的价值。从功能层面来说，广场铺装为人们铺设了一条既舒适又耐久的行走之路。通过铺装材质的图案与色彩搭配，我们能够巧妙地划分空间界线，并让设计发挥引导人流、指明方向的作用。而在装饰性方面，铺装则通过将不同色彩、纹理、质感的材料组合，展现出各具特色的风格和内涵。

广场铺装的图案设计大致可以分为规则式和自由式两种。规则式铺装，如同心圆、方格网等，前者以其向心的布局，营造出了一种既稳定又不失活泼的氛围；后者则以整齐划一的线条，赋予人们一种安定和宁静的感觉。自由式铺装以灵活多变的布局，为人们带来了丰富的视觉享受。在实际设计中，设计者应根据广场的不同性质和功能，选择合适的铺装组织形式，以创造出各具特色、丰富多彩的空间环境。

常见的铺装地砖形状涵盖了矩形、方形、六边形、圆形和多边形等多种类型。矩形地砖以鲜明的方向性特征，在广场道路的铺装设计中展现出独特的引导作用。相较于矩形地砖，六边形和方形地砖则显得更为中性，这一特性使它们在城市铺装中拥有更为广泛的应用场景。圆形地砖则拥有独特的造型而具有较强的装饰性。然而，圆形地砖的拼缝处理相对复杂，因此，在广场铺装中，圆形地砖更多地被用于局部点缀，以提升空间的趣味性和艺术性。

除了形状，地砖的表面质感也是影响其使用效果的重要因素。光面地砖表面光滑亮丽，但防滑性能较差，尤其在雨天和雪天条件下，易导致行走不便，形成安全隐患。因此，在广场供人们行走的路面，尤其是坡路区域，应避免使用表面过于光滑的地砖。相反，凹凸粗糙和有纹理的地砖则能够提供更好的防滑性能和舒适度。然而，过于凹凸不平的路面同样会对人们的行走造成不便，甚至磨损鞋底。

地砖表面质感的选择既要考虑人们的使用，又要考虑视觉效果（远看、近看的效果都应考虑）。

二、城市广场小品设计

在城市广场设计中，小品可以激活广场空间氛围，并提升设计方案的整体品质，更是城市广场构成中不可或缺的有机元素。因此，广场小品设计的优劣，成为衡量城市空间设计成功与否的关键指标。城市广场小品在实用性方面扮演着基础且重要的角色，如座椅、凉亭等设施，满足了大众的日常使用需求；雕塑、花坛等艺术装置，满足了大众的审美需求。广场小品的设计巧妙融合色彩、质感和肌理等多重元素，通过精心的布局规划，能够营造出层次清晰、色彩斑斓且极具吸引力的公共空间。

在设计过程中，“以人为本”的设计理念应当贯穿始终，尤其是在设计具有实用功能的小品时，设计者需严格遵循人体工程学与环境行为学的科学原理，确保大众能够在安全、舒适且私密性适中的环境中享受广场设施带来的便利。具体而言，人们在选择休憩空间时，往往倾向于那些能够提供心理安全感、良好视野和亲切氛围的环境，而对于缺乏遮蔽、暴露于众目睽睽之下的空间则较为排斥。因此，在色彩处理上，小品设计需尤为审慎，恰当的色彩运用能够为广场空间增添视觉亮点，为广场注入勃勃生机。反之，如果色彩处理不当，则可能导致色彩混杂，甚至形成视觉污染。为确保广场小品与整体空间环境的和谐统一，广场小品的色彩设计应避免单调乏味，以免引发视觉疲劳。

小品色彩应与广场的周边环境和广场的主体色相协调，且小品造型要统一，在广场总体风格中，要分清主次关系。哲学家赫拉克利特指出："自然趋向差异对立，协调是从差异对立而不是从类似的东西中产生的。"① 所以，小品的造型要有变化、统一且不单调，丰富且不凌乱，只有这样，才能使广场兼具文化内涵和鲜明的风格，产生强烈的艺术感染力。正如每一座城市都有自己的形象一样，每一个城市广场也应有自己的主题，雕塑小品在城市广场中担负着重要角色，对于广场形象的塑造发挥着画龙点睛的作用。它们将艺术美、生活美和情感美融为一体，是广场的灵魂，吸引和感染着人们。城市广场雕塑小品的主题确定应能反映一个城市的文化底蕴，代表一个城市的形象，彰显一个城市的个性，能给人们留下深刻的印象。广场雕塑小品作为公共艺术品，影响着人们的精神世界和行为方式，体现着人们的情趣、意愿和理想，应把握住积极进取的主格调。

雕塑小品是三维空间造型艺术，为人们在空间环境中从多方位观赏提供了可能性，所以，它涉及的环境因素有很多。

第一，雕塑小品的设计应注重与广场自然环境因素相协调，应考虑主从关系，使代表广场灵魂的雕塑小品在杂乱的背景中显现出来。

第二，雕塑小品与人的距离关系。人是广场的主体，雕塑小品与人的距离远近是小品完整呈现出来的关键。人在广场中一般呈动态时候较多，所以，要考虑雕塑小品大的形和势，而不可仅注重局部的刻画，所谓"远观其势"就是要看远距离的效果。

第三，雕塑小品与周边环境的尺度关系。首先要考虑雕塑小品本身各部分的透视角度；其次，在考量雕塑小品与广场环境的协调性时，必须审慎对待其尺度比例问题。如果广场空间过于辽阔，而雕塑作品的体量相对较小，则此等配置易

① 蒋婧雯，杨震．当代城市广场规划与道路景观设计研究 [M]. 长春：吉林出版集团股份有限公司，2022.

于引发观者的空旷与荒芜之感；反之，则易给人以压迫与局促之印象。因此，妥善处理雕塑小品与广场环境的尺度关系，显得尤为重要。

第四，雕塑小品作为三维空间的造型艺术表现形式，其观赏特性决定了人们可从多视角进行审视和品味。鉴于此，雕塑小品的创作需力求在各个角度均展现出完美的塑造效果，确保无论观者身处何位，均能领略到其艺术魅力与和谐的视觉形象。

第六章　城市公园环境设计

城市公园是城市公共环境中的重要组成部分，城市公园的环境设计不仅涉及公园的美观和适用性，还关系到市民的休闲娱乐和身心健康。

第一节　城市公园环境设计的原则和要素

从景观空间维度审视，城市公园的本质是开放性的。即功能层面的全面开放，景观空间形态的开放性。现代城市公园以其自然要素为核心，构筑了供公众游憩的开放性公共景观空间。

进一步探究现代开放型公园的管理源头，可归纳出以下三大路径：

第一，古典园林或传统公园通过拆除围墙、取消门票制度及出入管理，实现了向城市绿地空间系统的无缝融入，转化为城市开放的绿色公共空间。

第二，城市大规模绿色空间体系的构建。此类绿色空间虽可能在局部区域实施出入管理，但整体上作为城市景观格局的关键要素，具有强烈的开放式公共性特征。

第三，城市更新改造中的新建休闲绿地。

随着城市更新的不断推进，一系列新型休闲绿地应运而生。这些绿地通过步行道等连接设施，与社区或城市的游园系统紧密相连。此外，城市中供市民休闲游憩的市民广场等场所，亦可被视为这一模式的延伸和拓展。

城市公园的开放性特质体现在其作为一种休闲导向的景观空间维度上，这一特性使城市公园明显区别于传统的封闭式公园和商业气息浓厚的主题娱乐公园。随着社会的进步和变迁，人们对于景观空间的需求已不再局限于单纯地追求新奇信息的层面，而是愈发向往一种更加普遍、融入日常生活的景观形态，这种景观应能与人们的日常活动紧密交织，形成一种和谐的共生关系。作息制度的灵活调整和老龄化社会的到来，为人们特别是老年群体提供了更为充裕的闲暇时光，他们对休闲活动的需求因此而愈发多样化和精细化。在此背景下，众多传统公园纷纷采取创新策略以吸引老年游客，同时，新建或改造后的市民广场及城市游园，以更加开放、便捷的特点，进一步满足了城市居民日益增长的休闲活动需求，为城市人群提供了更为丰富多样的休闲选择。

一、城市公园环境设计的原则

现代城市公园的环境设计应遵循可达性、休闲性和自然性的原则。

（一）可达性原则

1. 紧密联系城市生活

城市公园在城市规划中的定位应着重于其与城市生活的深度融合。在选址规划阶段，设计者需优先考虑将城市公园置于人口居住密集和商业活动频繁的核心区域，以确保城市公园能够最大程度地服务于广大城市居民的日常休闲和娱乐活动需求。城市公园应成为城市空间布局的关键节点。

2. 步行优先

城市公园的核心宗旨是构建一个供城市居民休闲、放松的自然空间，其本质在于规划并设计一种优化的步行环境。它们着重于提升步行的可达性，通过实施人车分流或构建人车和谐共存的道路系统，以确保步行者的安全和舒适。此外，城市公园在规划选址、空间配置和景观设计等多个维度上，均体现了以人为本的设计理念。

3. 重视连续的线形空间

城市公园应重视连续的线形空间，以形成城市的生态和景观走廊。一方面，在空间规划时，设计者应通过连续的步行系统将点状的绿地公园串接起来，使景观与城市生活最大限度地衔接；另一方面，在对特定空间进行景观设计时，连续的道路与开敞空间相结合的交通与休闲空间应作为景观空间的主体要素来进行精心设计。

（二）休闲性原则

休闲不仅是“游”，更是“憩”，其目的是通过优美的环境调整使用者的身心，使用者可以在其中进行非正式的人际交往。城市公园环境设计要完成从传统的旅游空间向休闲空间的转化。旅游空间除了具有景观体验和调整身心的作用，还有一个重要的目的，就是提供更多的信息以满足人们的猎奇和探究心理。休闲空间虽然不需要过多的信息，但需要营造领域感、认同感和家园感。另外，休闲活动是一种以休憩为主兼交往、文化和教育等社会功能的活动，因此，需要辅以适度的商业服务设施。综合来看，城市公园通过复合性、全时性、领域性和自由性的功能特征来满足城市人群休闲的要求。

（三）自然性原则

城市公园环境设计应以自然要素为主，忌人工物的堆砌。景观形式自然生动，富于变化。

二、城市公园环境设计的要素

城市公园的场地规划以某一地块内的人工景观和自然元素的协调和安排为基础，基地设计包括基地内自然元素和人工元素的秩序性、效率性、审美性和生态等敏感性的组织和整合。其中，基地的自然环境包括地形、植物、水系、野生动物和气候。生态和科学的设计有利于减少环境压力和消耗，从而提高了基地的价值。地形地貌是城市公园景观设计最基本的场地和基础。这里提到的地形是指公园景观绿地中地表各种起伏形状的地貌。在规则式景观中，地形一般表现为不同标高的地坪、层次；在自然式景观中，通常根据地形的起伏，形成平原、丘陵、山峰、盆地等地貌。一般的景观设计所涉及的部分是后一部分内容。地形地貌在总体上分为山地和平原，可以划分为盆地和丘陵，局部可以分为凹地和凸地等。在城市公园设计时，设计者要充分利用原有的地形地貌，考虑生态学的观点，营造符合当地生态环境的自然景观，减少对环境的干扰和破坏。此举还可减少土石方的开挖量，节约经济成本。

因此，城市公园用地的原有地形地貌是影响总体规划的重要因素。在设计时，设计者应遵循因地制宜的原则，运用地形特点，将自然要素与人工手段结合，为整体布局公园规划创造坚实的基础。

第二节　城市公园的植物设计

植物设计在城市公园环境设计中有很大的难度，应力求表现自然感、季节感和格调感等，还要与时间和空间相结合，把植物作为一种设计元素加以选用。在进行城市公园的植物设计时，设计者应将时间、空间、植物和人之间的相互关系分析透彻，形成一个整体景观设计的新理念。具体来说，需要注意以下几点：

第一，种植方式要适应公园的功能要求，植物要适合所在地区的气候、土壤条件和自然植被分布特点，应选择抗病虫害强、易养护管理的植物，体现良好的生态环境和地域特点。

第二，充分发挥植物的各种功能和观赏特点，合理配置，将常绿与落叶、速生与慢生相结合，构成多层次的复合生态结构，实现人工配置的植物群落的自然和谐。

第三，植物品种的选择要在统一的基调上力求丰富多样。

第四，要注重种植位置的选择，以免影响室内的采光通风和其他设施的管理维护。

一、植物种类的选择

（一）适应栽植地段立地条件的当地适生种类

植物种类选择应满足适应栽植地段立地条件的当地适生种类。当地适生种类是指包括公园所属地的乡土树种，以及经人工引进已在本地长期“安家落户”、能适应本地区的气候条件生长发育良好，并已得到广泛应用的树种。

（二）林下植物应具有耐阴性

林下植物应具有耐阴性，其根系生长不得影响乔木根系的生长。为了避免林下地被植物的根系与乔木的根系在同一土层内争夺养分，林下植物一般要选择耐阴性强的浅根草种或灌木。

（三）垂直绿化的攀缘植物依照墙体附着情况确定

垂直绿化用的植物附着墙体的形状各不相同，所以，用以垂直绿化的攀缘植物应适应既定墙体或构筑物饰面的种类。

（四）选择相适应的抗拒性种类

公园游憩地周围如果有污染源，则在建立防护林时，应选择与之相适应的抗拒性种类。

（五）适应栽植地养护管理条件

公园植物的管理也是植物生存的因素之一。根据公园地段的实际情况，应选择相对应的易于管理的植物，如水源不充足的地段应选择比较耐干旱的种类。

二、不同场地常规种植方式和树种

（一）建筑物旁的植物配置

建筑物旁的配置用作建筑物遮阳、组织自然通风、陪衬建筑、建筑的配景或装饰建筑。人流多的活动区应多用一些花卉，以丰富该区的色彩。但也有些建筑常以龙柏、雪松和珊瑚树等植物，采用规则式或成行成排地布置。还有一些建筑物采用梧桐、牡丹和桂花等有单株特性的植物，多用不整形的配置方法，形成独特的地域风光。有一些地区性较强的树种，如当热带的棕榈之类移植于温寒带时，可以偶尔种 1～2 棵，且布置在次要的角落（如院内的一角）里。公共厕所前面植物以枝叶浓密的常绿树，如冬青、女贞、侧柏、木槿和珊瑚树之类的植物为主，目的是遮蔽不雅之所。设计者应确保建筑旁的植物高度与建筑成比例，且要符合遮阳要求，并与建筑保留适当的距离，不要使树根破坏建筑的基础或影响建筑的通风与采光，距离一般为 7 米。作为背景的树应以色深常绿植物为主。

（二）山的植物配置

主山宜植花木，尤其是槭类；远山为背景树，植以松类；而环绕的山宜植栀子、槭和瑞香等；峰巅应植圆柏、山茶和罗汉松等。

（三）道路的植物配置

在道路中，作行道树时，有枫杨、椴、七叶树、榆等。当道路宽度允许时，可设置专门绿带，绿带内可配置各种灌木。

（四）岛的植物配置

岛的配置植物有南天竹、棕榈、罗汉松、榆、松、杜鹃、木芙蓉、龙柏、胡枝子和垂柳等。

（五）池的植物配置

池中可有荷花、泽泻、芦、菱、芡实和浮萍等，植物宁少勿多，多留水面倒影。

（六）溪谷的植物配置

溪谷中可有竹、箬竹、桃、柳、鸢尾和燕子花等。

（七）草坪的植物配置

大片草地上最好有起伏变化的地形，在平坦处可以用孤树、树丛和树群来划分空间；宜选耐踏、叶细密的草作草地，草种有假俭草、结缕草、天鹅绒草、狗牙根草、野牛草和羊胡子草等。草地中孤植的树种有雪松、白皮松、圆柏、榕、樟、七叶树、广玉兰、榉、榆、朴、柳、白杨和槟榔等；丛植的树种有松、圆柏、柳杉、龙柏、云杉、冷杉、雪松、樟、楠、山茶、茶梅、广玉兰、桉树、木兰、玉兰、白兰花、木莲、含笑花、桂花、绣球花、杜鹃、山梅花、栀子、黄杨和竹类；群植的树种有松、槭、桃、梅、紫薇、广玉兰、桂花、樱花、龙舌兰、棕榈和苏铁等。

（八）花坛的植物配置

花坛常布置在广场、公共建筑旁或公园入口处，或布置林荫道中间、主要道路旁和交叉口等处。整齐的小灌木和乔木有时也组织在花坛内，也有用整齐的乔木（如石楠和雪松等）作为花坛的中心树木的设计。花坛的边缘则常为有装饰性的建筑材料。花坛常用草本植物，花宜密，叶宜细，尽量不露土。但有些设计有意识地把路破成相同大小的土块，成为别有风格的装饰性的花坛。大型的花坛有时也与雕像和喷泉等结合布置。作为一个观赏对象的花坛，常用各种草本花卉和各种灌木进行配置。

三、种植配置的空间层次

植物作为园林的造景要素，无论作为主景还是与公园其他要素共同组景，植物的选择和布局应本着艺术表现的原则，以表现植物造景的特色和风格。

（一）对比和衬托

在进行植物造景时，植物的树形、色彩、线条、质地和比例都要有一定的差异和变化，在形态上形成对比，同时要使植物之间保持一定相似性，以加强它们的统一感，形成既生动活泼，又和谐统一的场景。

（二）动势与均衡

各种植物除了具有不同的姿态，还具有生长速度、季相、体量和质地的变化。在配置时，设计者既要注意植物之间的和谐统一，又要考虑植物的生长和季相问题，以免产生不平衡的状况，如色彩浓重、体量庞大、数量繁多、质地粗厚、枝叶茂密的植物种类，给人以厚重的感觉；相反，色彩素淡、体量小巧、数量少、质地细柔、枝叶舒朗的植物种类，则给人以轻盈的感觉。

（三）起伏和韵律

对于植物的配置，除了单棵植物的形态，设计者还要注意整体的立体轮廓和空间变换。植物配置要高低搭配得当，有起有伏，形成一定的节奏韵律。

（四）层次与背景

为了保持花木景观的丰富多彩，设计者宜采用乔木、灌木、花草、地被植物进行多层次配置。不同花色、花期的植物要相间配植。用作背景的植物宜采用高大的乔木，且要栽植密度大，形成一个绿色屏障；在色调上，要与前景的色度形成差异，以加强衬托效果。

（五）色相与季相

植物的枝、叶、花和果有着丰富的色彩，在植物的配置上，既可单色表现，亦可多色配合对比处理。此外，设计者要注意植物在春、夏、秋、冬四季的季相变化，使不同花期的植物按季相变化分层栽植，或用草本植物弥补木本植物花期较短的缺陷，以延长植物景观的观赏期。

四、植物的空间配置形式

植物的配置形式源于自然界山川、湖溪的植物群落。人类经过长期的归纳、总结出以下植物的配置形式：

（一）植物配置形式

1. 孤植

孤植是指将植物进行独立的栽植，主要用来体现植物的个体美，使植物成为空间的一道景观。孤植通常需要一定的开阔空间，以便形成一定的观赏距离。同时，设计者所选的植物要符合形态优美、色彩鲜明、体形高大和寿命长等条件，如松、柏、梧桐和银杏等。

2. 对植

对植是指将相同的或相似的植物品种，以轴线对称方式进行栽植。对植强调植物品种、数量和规格的一致性，多应用于建筑物入口、广场或桥头两旁。

3. 列植

列植是指将植物按一定的株距成行或成列种植，属于规则式种植。列植应选择树冠形状整齐、枝叶繁茂的植物种类。株距应根据成熟后的树冠半径而定，通常大型乔木株距控制在 5～8 米，中小型乔木株距控制在 3～5 米，灌木株距控制在 1～3 米。作为背景的列植植物应密植，形成树屏。

4. 丛植

丛植是由 3 株或 3 株以上同品种或不同品种的植物组合而成的，是公园植物组合的普遍方式。植物的丛植应从组合关系入手，这也是配置的关键。设计者要尽量选择适宜搭配的植物，如阳性植物与阴性植物、快长植物与慢生植物、乔木与灌木的有机结合，构成一个相对稳定的生态植被环境，兼以表现植物的姿态美。丛植的植株形式可分为 3 株丛植、4 株丛植、5 株丛植等。一般情况下，丛植的植株品种不宜超过 5 种，以免影响丛植的群体效果和造成管理不力。

5. 群植

群植是指将植物以群体的形式栽植，主要用来表现植物的群体美，以欣赏植物群落的层次、外缘和树冠等为主。

群植可分为单一群植和混合群植两类，分别以单一品种和多品种植物进行组合。作为组景的需要，混合群植是比较常用的植物构景手法，使用时，要注意植物群落的层次控制。一般情况下，混合群植控制在乔木层、亚乔木层、大灌木层、小灌木层和多型草本植物 5 个层次，每一个层次都要体现出该层植物的观赏性。乔木层处于最上层，以树形高大、树冠形态良好的乔木为佳；亚乔木层处于中层，以树型较小的开花树木为宜；灌木层则以花木为主；草本植物宜以多年生的花卉为主。

（二）植物配置的空间效果

植物配置的空间效果通常由种植单位的配置、种植的立面形式和空隙线形态控制的方法来实现。种植单位是指整体上为呈现一种优美的姿态，集中于一处种植的几棵树木。种植的立面形式和空隙线形态控制是指以各种方式交互形成的多种空间效果。种植单位的配置是空间效果的基础，种植的立面形式和空隙线形态控制是通过不同的种植单位配置方式实现的。植物作为三维实体，植物的高度和密度也影响空间效果。

第三节　城市公园的水景设计

一、城市公园水景的设计原则

（一）符合自然水体的形态特征

自然界的水体，如泉、跌水和小溪等彼此相互影响、相互关联地存在于流域内。它们是动态的，或以点状的形态出现，或以线形的形态流动和垂落，或以面状平稳的形态聚集。如果改变自然水体的某个循环过程以及水道和驳岸等形态，必然造成水体系统各部分间的变化，失去本质上的特征，破坏水体应有的自然平衡状态。因此，园林的水体造景要先考虑保持原有水体的自然状态，并在人工水体的塑造中对此予以体现。

（二）符合自然水体的客体形态

水体作为造园的要素之一，可营造出许多独具氛围和价值的景观。这些景观的创造条件除了包括水体的特点，水体与陆地的边际，以及水道的组合形态。因此，水体边界的设计必须符合自然水体的边际特征，要符合地貌学和流体力学的理论，使园林的水体形态趋于自然，并与自然的景观相融洽，以达到水体造景的完整性。

（三）水体形态与环境相协调

未受破坏的自然界水体处在相对平衡的状态，其与周边环境有着较严密的协调关系，彼此相互影响、相互制约，其中任何的改变都能引起一系列的效应，破坏已有的平衡状态。这就要求设计者在进行公园水体设计时，根据水体与环境的关系营造一个和谐的生态景观系统，避免出现违背自然规律的做法。

二、城市公园水景的设计要点

（一）水体与空间

公园的水体设计不仅要考虑二维空间区域的性质，还要从空间的三维关系着手，确定水体设计的类型、形态和使用目的等。由于不同的空间形式会表现出差异，公园水体的设计必须以空间界定和环境要素之间的关系为出发点，充分发挥水体的效果。

公园水体的空间是由地表、天空，以及地表上的自然物或人工建筑物来限定的，不同的空间需用与之相对应的空间组合形式。对于比较狭长的空间，水体宜做线形处理；对于比较宽阔的空间，水体可做面域处理；对于高尺度的空间，水体可做垂落处理。

（二）水体与环境

公园水体的设计离不开与周边环境的关联，空间内的地表物质对水体的营造必然产生多种影响：一是地表结构决定了水体的营造，设计须顺应自然地势和地形地貌来延展水体；二是地表的物质组成对水体的影响，主要体现在地表的渗水性和抗侵蚀能力上；三是水文状况决定了水体的水量，对水体的最终形态有关键性作用；四是植物与建筑通常成为水体边界和水面形状设计的参考依据。

三、城市公园水体的处理方式

（一）水体的布局

为了便于游人的观赏，水体景观应置于视觉观赏范围内的焦点处，如轴线的交点和空间的节点等处。

（二）水体的尺度

公园水体的处理在尺度上存在两方面的因素：一是水体要素的尺度与整体环境的比例关系问题。一般情况下，应根据其功能和空间层次的需要来确定水体要素的尺度，使之与整体环境相协调。例如，在一个狭小的空间，设置一个与整体空间有失平衡的水体，必然导致整体景观的失调。而过小的水体尺度又难以形成景观环境氛围。二是人与水体的尺度关系，关系到能否满足人的亲水需要。例如，水岸的高度、水体的深浅、水域的面积等均影响人与水体的亲近程度。当水体的尺度能够使人近距离接触时，水体所具有的特质会感染人的情绪，带来愉悦和兴奋。相反，人只能以视觉感知水的存在，水体对人的感染度会降低。

（三）水体的集散

水体的集散就是将水体进行适度的开合和穿插，既要展现水体的景观层次，又要引申水体的深度，使水体构成一个多变的空间，增加水体景观的空间层次。

（四）人与水体的视觉效应

人具有亲水性。水的特性决定了水体具有很好的动态性能，如流淌、跌落和喷涌等。在造景时，设计者营造出不同的水声，能引发人的听觉感受；通过在水面上布置浮桥和浮萍等，使人置身水中，用触觉和视觉去亲近水，感受水给人带来的愉悦。

四、城市公园水体的形式

公园水体可根据其平面形式划分为几何规整式和自然式两种：几何规整式水体主要见于西方古典园林，将水体限制在几何式的池形里，并依靠喷泉和瀑布等手段形成动态的水体，现代公园景观设计也会采用这种方式，水面一般都不大，多采用人工开凿的方式。自然式水体源于中国古典园林，水体因势而筑，以静制动。现在一些大型公园的水面，有的利用原来的地势，采用不规则的形状；也有的利用植物与堤岸、水面的关系，形成湿地公园，让人感到亲切自然。

在设计中，根据水面的动静，水体一般分为动水和静水。在现代城市公园中，水体的使用通常是将动态之水和静态之水合二为一，共同构建空间。

（一）水池

水池是园林水体造景常用的方式之一。大型公园常以天然湖泊作为水池，构成宏旷的水体景观；小型公园的水池则以人工开凿为主，以近观为主。根据规模的大小分为点式、面式和线式 3 种形态。

1. 点式水池

点式水池是指规模和面积相对较小的水池，在整体空间的比例尺度上呈点的状态。点式水池虽然面积很小，但它可起到点景的作用，形成视觉焦点。

2. 面式水池

面式水池是指水体规模较大，在空间环境中起到控制作用的水体。面式水池既可以是单一的形式，也可以是多个水池的组合体。面式水池的构成可依据相应的空间功能选择相应的形式，如单一的方形、圆形、菱形或组合式的“品”字形等。公园中的面式水池多以饲养观赏鱼虫和习水性植物（如芦苇、荷花、莲花等）为主，池形依据地形确定，深度则以饲养鱼的种类数量和水草在水下生存的深度来确定。种植水生植物水池深度一般为 0.1～1 米，养鱼水池深度为 0.8～1.2 米。

3. 线式水池

线式水池是指比较细长的水体，具有很强的空间分割作用。线式水池多采用动态的水体以加强线形的动势，并结合喷泉和瀑布，形成一个有机的整体。线式水池有直线形、曲线形和自由曲线形等形式。

（二）瀑布

瀑布是水体由上向下坠落的一种自然水态。在城市公园中，瀑布是由人工制造的水体落差，在形式上模拟自然界的瀑布形式，通过不同的水落石面形式和水流速度的结合，形成不同的落水形式。不同类型的瀑布所形成的水流和声响造就了不同的环境氛围，给人以不同的遐想。公园的瀑布形式归纳起来可分为以下三类：

1. 自由落体式瀑布

自由落体式瀑布是经人工仿造自然瀑布的形式，将水体引至叠山高处，水体自上而下流经山石间形成的瀑布。瀑布水口多隐藏在林木和岩石间，造成一种神秘感。当流量大时，水流冲击而下，撞击石壁，水花四溅，水声轰鸣；当流量小时，水流淙淙而下，水声潺潺。

2. 布帘式瀑布

布帘式瀑布是指利用建筑物墙体或构建设施，在其顶部设置水槽，水经水槽溢出形成的挂落式水幕。布帘式瀑布的水体景观造型，因溢水口的形式、水幕壁面、落水接触面的设置而不同。当溢水口挑出壁面且流量较大时，水体呈离落状态下落。当溢水口紧贴壁面且水流平缓时，水体沿壁面滑落。另外，壁面的材质肌理不同，滑落的水体形成的效果也不同。

3. 跌水式溪流

城市公园中的跌水式溪流一般以人工的方式为主。人工跌水式溪流通常以自然溪涧形态为蓝本，随地形而变化，使之跌水成瀑，落水成潭。人工跌水式溪流通常配以山石来充分展现自然风致，跌水式溪流中对其中山石位置和放置方式的设计，可以产生不同的水景效果，如表 6-3-1 所示：

表 6-3-1　跌水式溪流山石设计所产生的水景效果

名称	效果	设置位置
主景石	形成视线焦点，表现水景的内涵	跌水的首尾或转向处
隔水石	形成局部落差，使跌水产生声响	铺在局部水线变化位置
切水石	使水产生分流和飞溅	不规则地布局在坡度较大的跌水中间
横卧石	调节水速和水流方向，形成溢口	跌水宽度变窄处和转向处
铺底石	美化水底，种植苔藓	多采用卵石、碎石、瓷砖

（三）喷泉

喷泉是指水体由下向上而出的一种水态，也是地下泉水向上涌出的一种自然形态，分为喷泉和涌泉两种。城市公园的喷泉以人工方式为主，是为体现或模仿天然泉水景观形态特征而形成的人工设施。喷泉依据水流喷射的速度、方向和水花等因素构成不同的喷射形态，如雾状和扇状等。

喷泉常以深色景物为背景，多设置于公园的入口处和广场中央等，常与水池、彩灯、雕塑和花坛等组合成景。常见的人工喷泉景观，如表 6-3-2 所示：

表 6-3-2　喷泉景观的分类和适用场所

名称	主要特点	使用场合
壁泉	水从墙壁、石壁和玻璃上喷出，顺流而下形成水帘和多股水流	——
涌泉	水从下向上涌出，呈水柱状，高度 0.6～0.8 米，可独立设置也可组成图案	广场出入口、景观墙
间歇泉	模拟自然界的地质现象，每隔一定时间喷出水柱和气柱	广场、出入口、假山、水池
旱地泉	将喷泉管道和喷头下沉到地面以下，喷水时水流回落到广场硬质铺装上，生成可变化长度和跳跃时间的水流	跌水溪流、小径、假山
雾化喷泉	由多个粗微孔喷管组成，水流通过微孔喷出，看似雾状，多呈柱状和球形	广场、出入口、休闲场地
小品喷泉	从雕塑上的器具或动物的造型中喷射出水，形象生动、有趣	广场、休闲场地、局部节点
组合喷泉	具有一定规格，喷水形式多样，有层次，有气势，喷射高度高	广场、出入口、群雕

五、城市公园水体景观各构成要素设计

（一）驳岸的处理

河湖水池建造驳岸，并根据公园总体设计中规定的平面线形、竖向控制点、水位和流速进行设计。驳岸是围合水体并构成水体景观的必要因素。

在公园景观设计中，水体岸型根据形式可分为规整型和模拟自然型两类。从构成上，一般驳岸有板墙驳岸、条石驳岸、台阶式驳岸、植被式驳岸和混合型驳岸等。驳岸对景观影响很大，应是滨水景观中重点处理的部位。在设计时，设计者应着眼于景观特点，与公园的游憩环境相协调。

当素土驳岸的岸顶至水底的坡度小于 100% 时，应采用植被覆盖；当坡度大于 100% 时，应有固土和防冲刷的技术措施。地表径流的排放和驳岸水下部分的处理应符合有关标准的规定。

对于公园中的沿水驳岸，在设计时，设计者应尽量满足亲水性原则，将驳岸的岸线，设计为梯步或缓坡，在安全的前提下，使人可以贴近水面并达到触水和戏水的目的。但对于下列情况，岸边应设有安全防护设施并符合以下规定：

第一，凡游人正常活动范围边缘距水边临空高差大于 1 米处，均设护栏设施。护栏高度应大于 1.05 米，高差较大处可适当提高，但不宜大于 1.2 米。护栏设施必须坚固耐久且采用不宜攀登的构造材料。

第二，游人通行量较多的亲水平台宽度不宜小于 1.5 米，踏步宽度不宜小于 30 厘米；踏步高度不宜大于 16 厘米，台阶踏步数不少于 2 级；侧面高差大于 1 米的台阶，应设置护栏。

（二）园桥

园桥应根据公园总体设计确定通行和通航所需尺度，并提出造景和观景等具体要求。园桥是动线设施与道路连贯，其交通功能性很强。园桥形式丰富、千姿百态，其装饰性、趣味性甚至超过其交通使用功能。园桥的类型可归纳为以下几类：

1. 汀步（步石）

汀步的作用类似桥，但比桥更贴近水面。汀步适合跨度不大的浅滩和小溪，与水体的结合可使游客实现亲水的目的。汀步的设置可高可低、可大可小，既可为人工的几何图形，也可为自然的石块，皆能增加渡水的趣味。汀步的形式多种多样，一般多以零散的叠石、柱桩和石盘等形式无规则设置。

2. 拱桥

利用拱券的力学结构所建造的桥梁，其特点是跨度大，造型优美。拱桥是造园景观中常用的桥型之一。拱桥的形式多样，有单拱、三拱和多拱之分。

3. 平桥

平桥主要用于水域不大的水体。在选材上灵活多样，木材和石板均可搭成，桥墩一般用石块砌筑，上面架石条或木板，无栏无柱，简洁大方。平桥一般桥下通水不通舟，这种近水或贴水的桥最能使主体的人和客体的水之间建立起亲近的互动关系。平桥有单跨和多跨折线形等不同形式。单跨平桥简洁、轻快、小巧，由于跨度很小，可不设护栏；多跨折线形平桥可克服长且直的单调感。

4. 吊桥

吊桥多建于急流深涧、高山峡谷之间，可以大跨度地横卧水面，悬而不落，具有优美的曲线，给人以轻巧之感。

5. 廊桥

这类既有交通作用又有游憩功能和造景效果的桥，很符合公园要求。在远观时，廊桥能够打破堤岸与水平线的构图，有对比造景、分割水面层次的作用。

园桥的设计应注意以下几个方面：一是溪水、水面将园路截断处以桥相连接；二是任何形式的桥中线与水流中线宜相垂直；三是桥身的大小应结合交通流量、境界综合确定，并与跨越的河流大小相协调，与所联络道路的形式和路幅保持统一；四是高岸设低桥、低岸设高桥，增加游览线路的起伏，如在位于水面较狭窄处的池上架桥，应考虑桥身与水面的关系，其高低视池面大小而定；五是桥身的形式和材质必须与环境相协调，不论建筑物还是地形，均须在形式上保持统一。

（三）水体与山石的配置

水体与山石的结合是公园造景的重要手段。堆叠假山和置石的体量、形式和高度必须与周围环境协调，假山石料的色彩、质地和纹理均有对应要求，置石的石料也有大小和形状标准。叠山和置石，以及利用山石的各种造景，必须统一考虑安全、护坡、登高和隔离等各种功能要求。叠石必须保持整体性和稳定性。山石衔接，以及悬挑、山洞部分的山石之间、叠石与其他建筑设施相接部分的结构必须牢固，确保安全。山石的设置形式一般包括特置、散置和群置。所谓特置，是指用玲珑、奇巧的单块山石立置而成的形式；所谓散置，是指无定式布局的形式，也称为散点；所谓特置，是指几块山石组合成为一个整体的形式。

第四节 城市公园的环境设施设计

城市公园的环境设施主要包括各种为游客提供便利和舒适体验的设施。这些设施不仅丰富了公园的功能，还提升了游客的整体体验。具体来说，城市公园的环境设施设计通常包括以下几个方面：

一、亭的设计

亭在园林中的应用已有悠久的历史，形成了独特的形式和造景方式。在城市公园中，亭的设计在继承传统的基础上，融入了现代设计元素，无论是在造型上还是材料的使用上，都更加多样。

亭作为公园中“点睛之物”，应置于视线的交会处，形成视觉的焦点。亭的形式包括：山亭，设置在山顶和人造假山石上，多具有标志性；桥亭，建在桥中部或桥头，具有遮蔽风雨和观赏功能；临水亭，应尽量贴近水域，位置宜低不宜高，最佳位置是突出于水中；廊亭，是与廊相连接的亭，形成连续景观的节点；群亭，由多个亭有机组成，具有一定的体量和韵律；纪念亭，具有特定意义或代表性的功能；凉亭，以木制、竹制或其他轻质材料建造，多用于盘结悬垂类蔓生植物，亦常作为外部空间通道使用；平地亭，常置于道路的交叉处、路边的林荫之间，成为赏景和观景之地。

二、廊的设计

廊是亭的延伸，是一种比较简单的构筑物，是连接建筑与建筑之间的通道，是建筑与外部空间的一个过渡空间。廊具有引导人流、引导视线、形成视角多变的交通路线、连接景观节点和供人休息等多种功能。

廊是有顶盖的游览通道，能够防雨遮阳，联系景点和建筑，并自成游览空间；分隔或围合不同形状的情趣空间，以通透的、封闭的或半透半合的分隔方式，显示出丰富的空间层次；作为山麓、水岸的边际联系纽带，增强和勾勒山脊线走向和轮廓。

廊从平面上划分，有曲尺回廊、抄手廊、“之”字曲折廊和弧形月牙廊；从立面上划分，有平廊、跌落廊和顺坡廊；从剖面上划分，有双面空廊、半壁廊、单面空廊、暖廊、复廊和楼廊；与景物环境配合的廊有水廊和桥廊。

廊的宽度和高度应根据人的尺度比例关系加以控制。廊的宽度为 2 米左右，柱距以 3 米左右为宜。有些廊宽为 2.5～3 米，以适应游人流量增长后的需要。廊的一般高度为 2.2～2.5 米。公园景区内建筑与建筑之间的连廊尺度必须与主体建筑相适应。

柱廊是以柱构成的廊式空间，既有开放性又有限定性，能增加环境的景观层次感。柱廊一般无顶盖，纵列间距为4～6米，横列间距为6～8米。柱廊下设置高1米左右的栏杆或在廊柱之间设置0.5～0.8米高的矮墙，以供坐憩。

三、膜结构设计

张拉膜结构是一种新型的建筑。张拉膜自重轻、跨幅大，依靠膜自身的张拉力与支撑杆和拉索共同构成结构体系，塑造出轻巧多变、优雅飘逸的实体形态。在阳光的照射下，由膜覆盖的建筑物内部充满自然漫射光，无强反差着光面与阴影的区分，室内的空间视觉环境开阔和谐。夜晚，建筑物内的灯光透过屋盖的膜照亮夜空，建筑物的体型显现出梦幻般的效果。作为标志性设施，张拉膜多用于公园的入口与广场；也可作为遮阳避雨的设施，应用于露天平台和河湖区域等。膜结构以造型学和色彩学为依托，可结合自然条件和民族风情，根据设计者的创意建造出传统建筑难以实现的曲线和造型。

四、墙体设计

公园墙体有围墙和景墙之分。围墙主要用于防护和分隔公园空间，有效地阻止车辆、行人的进入，以及遮挡视线，减少外部的干扰。围墙的使用和设计要考虑实用性和美观。一般情况下，墙体宜采用透空或半透空的处理方式，使内、外空间形成一定的渗透关系。

景墙是用于公园造景的设施，可以对墙体表面进行一定的艺术处理，以提高墙体的装饰性和感染力。景墙主要设于园内，并依据环境、视线与景物之间的需要，在形式、尺度、造型和位置上加以构思，使之在园林空间序列中发挥应有的作用，起到局部遮蔽和衬景的含蓄作用。

五、护栏设施设计

护栏设施包括栏杆和扶手，泛指游憩场地中能够起到栏杆作用的设施，可以是栏杆、矮墙或花台等。栏杆具有拦阻功能，也是分隔空间的一个重要构件。设置护栏设施的起始高差为1米。在设计时，设计者应结合不同的使用场所，考虑栏杆使用的功能性和美观性。护栏常用材料有铸铁、铝合金、不锈钢、木材、竹子等。

栏杆的设置依据其分隔空间的形式分为高栏杆、中栏杆和低栏杆。

高栏杆：主要用于围合公园空间的边界，高度一般在 1.5 米以上，具有较强的防护性。

中栏杆：高度为 0.8～1 米，有一定的防护性，空间的封闭感较弱。

低栏杆：高度为 0.4 米左右，空间的开放性很强，只是形成视觉上的拦阻。

六、照明设施设计

照明器具是城市公园必不可少的设施，其造型和功能也是园林构景的必要元素。照明器具的设计不但要重视科学性，还要讲求艺术性。一个优秀的照明器具设计除了考虑必要的夜晚照明，还要注意器具在白天的视觉效果。照明器具的整体造型要协调，要符合环境因素间的关系。

在公园的公共区域，如门廊、亭舍、水岸、草地、花坛、雕塑、园路的交叉点等处，均应设置照明设施。由于照明器具在园林空间所设置的环境不同，对于灯具的照明方式和灯具造型的要求也有所不同，具体体现在其分类当中。

七、座具设施设计

座具是公园内提供游客休闲的不可缺少的设施，供游客休息之用，一般设置在园中具有特色的区域，如水边、路边和广场等。

公园座具的造型可根据园林的特色和风格有针对性地设计，既可以是比较规则的，也可以是仿自然形态的。座具在材料的使用上可灵活掌握，既可以直接选用自然形态的材料，也可以使用经过加工的自然材料或人工材料，但形制要符合环境的需要。座具的选址应注重有利于游客的休息和观景，避免设立于阴湿地、陡坡地、强风吹袭场所等条件不良或出入有妨碍的地方。

室外座具的设计应满足人体舒适要求。普通座具高为 380～400 毫米；座面宽为 400～450 毫米；标准长度为：单人椅 600 毫米左右，双人椅 1200 毫米左右，三人椅 1800 毫米左右靠背座椅的靠背倾角为 100° ～110° 。

座具设计要点包括下面几点：座具应坚固耐用、舒适美观、不易损坏；用于休闲或提供仰姿休息方式时，则需宽大的长椅；与身体接触部分的座板、背板宜做成木制品；夏季有座具的地方宜设置遮阳的设备，如绿荫树；必须是易于修理的构造，并且耐脏，又能与环境协调。

八、解说设施设计

为使游客能对公园内各项景观资源有明确的认识，公园须在恰当的场合设立标志性设施。

解说设施基本上是围绕游客、资源和经营单位三者关系进行构思的，就其系统而言，可分为 5 个从属系统：一是游客系统，包括游客行为特性、活动偏好等；二是资源系统，对解说提供支撑或限制的资源；三是解说主题，为游客提供自然、人文、史迹等方面的资讯；四是解说媒体系统，传达解说内容的工具、方式；五是经营管理系统，经营规划，以满足游客的需求。

解说设施一般以标志牌的方式呈现，其种类可依照告示内容分为以下四种：一是解说牌。解说牌是用来“解说问题”的标志性设施，主要起到加深游客对公园内某一景点的文化内涵的理解，并协助他们能更好地开展游憩活动的作用。二是指示牌。在公园中，指示牌起到引导、控制或提醒的作用，常配合地图和路标等设施，可告诉游人目的地的方向和距离。三是警告牌，通常是基于安全需要所给予的警告设施。四是告示牌，常见的告示牌包括大门处的管理规定、开放时间，以及绿地上请游客勿踏草皮、勿攀摘花木的牌子。

九、服务设施设计

在城市公园中，各类服务设施为游客的游憩提供了多种便利。它们通常占地面积不大，体积小巧，广泛分布在公园的各个角落。这些服务设施不仅造型独特、色彩鲜艳，还容易辨认，为公园增添了一道亮丽的风景线。

在设计和布置这些服务设施时，设计者需要充分考虑它们与周围环境的和谐关系，以及与使用者之间的互动性；既要方便游客寻找和使用，又能融入周围的自然景观，达到美化环境的效果。例如，垃圾箱的设计不仅要实用，还要与公园的整体风格相协调，同时要易于游客识别和使用。公共厕所的位置要方便游客找到，同时要考虑隐私和卫生问题，确保游客在使用过程中感到舒适和方便。

饮水器的设计也要考虑游客的使用需求，不仅要方便人们随时补充水分，还要考虑卫生和安全问题。健身器材则要考虑不同年龄段游客的需求，提供多样化的健身选择，同时要确保设备的安全性和耐用性。总之，这些服务设施的设计和布置需要综合考虑功能、美观和实用性，以提升游客的整体体验，使他们在享受公园美景的同时，也能感受到便捷和舒适。

参考文献

[1] 毕留举 . 城市公共环境设施设计 [M]. 长沙：湖南大学出版社，2010.

[2] 张玮玮 . 城市公共空间环境设计与创新 [M]. 长春：吉林美术出版社，2020.

[3] 曹盼宫 . 公共环境艺术与城市景观设计研究 [M]. 长春：吉林人民出版社，2019.

[4] 李丽华 . 公共空间设计 [M]. 武汉：华中科技大学出版社，2023.

[5] 薛文凯 . 公共环境设施设计 [M]. 沈阳：辽宁美术出版社，2020.

[6] 王昀，王菁菁 . 城市环境设施设计 [M]. 上海：上海人民美术出版社，2014.

[7] 于晓亮，吴晓淇 . 公共环境艺术设计 [M]. 杭州：中国美术学院出版社，2006.

[8] 胡晶 . 环境设计初步 [M]. 合肥：安徽美术出版社，2018.

[9] 冯信群 . 公共环境设施设计：第 3 版 [M]. 上海：东华大学出版社，2016.

[10] 马骅龙，付丽娜 . 生态学视角下的环境设计探索 [M]. 长春：吉林文史出版社，2021.

[11] 吴智雪，吴智萤 . 绿色理念下城市公共环境艺术设计探析 [J]. 美与时代（城市版），2023（2）：88-90.

[12] 赵娜，孙冉冉，颜欣萍 . 城市公共环境设施建设现状与对策研究 [J]. 美与时代（城市版），2022（5）：109-111.

[13] 姜岩 . 城市公共环境标识的生态设计研究 [J]. 工业设计，2022（4）：86-88.

[14] 王锐，李安 . 城市公共环境设计中地域文化的应用分析 [J]. 美与时代（城市版），2021（12）：69-70.

[15] 曾舒欣 . 城市公共空间环境设计的人情化要素 [J]. 中国建筑装饰装修，2021（10）：26-27.

[16] 许昌利 . 城市公共空间环境设计创新途径研究 [J]. 皮革制作与环保科技，2021，2（10）：151-152.

[17] 郭云帅 . 城市公共空间环境艺术设计探究 [J]. 美与时代（城市版），2021（5）：88-89.

[18] 李瑶 . 城市休闲空间环境设计 [J]. 中国民族博览，2021（3）：160-162.
[19] 朱佩佩 . 景观在城市公共环境设计中的运用 [J]. 美与时代（城市版），2020（10）：44-45.
[20] 吴妮 . 城市公共空间人性化环境设计探索 [J]. 美与时代（城市版），2020（7）：65-66.
[21] 任鑫鑫 . 基于城市更新理论的创新街区公共环境设计研究 [D]. 济南：山东建筑大学，2023.
[22] 李辉 . 基于需求层次理论的城市公共环境设计评价方法研究 [D]. 武汉：华中科技大学，2019.
[23] 张珂 . 城市公共环境设施中坐具设计的配置研究 [D]. 西安：西北大学，2012.
[24] 赵明实 . 城市公共环境设施的设计管理策略研究 [D]. 哈尔滨：哈尔滨工业大学，2010.
[25] 王楠 . 探析城市公园公共环境设施的和谐化设计 [D]. 苏州：苏州大学，2009.
[26] 杨杨 . 城市公共空间互动环境设计研究 [D]. 哈尔滨：哈尔滨工业大学，2007.
[27] 陈家明 . 城市公共开放空间中生态意义的铺地环境设计研究 [D]. 西安：西安建筑科技大学，2007.
[28] 徐先锋 . 城市公共环境休闲空间设计研究 [D]. 成都：西南交通大学，2006.
[29] 刘志国 . 城市公共环境的人性化设计 [D]. 武汉：武汉理工大学，2006.
[30] 刘霞 . 城市公共环境标识设计人性化研究 [D]. 北京：北京工业大学，2006.